Marketing durch Newsletter

Diplomarbeit

vorgelegt von

Julia Oswald

aus Köln

geboren am: 16.01.1973

Matrikel-Nr.: 560974

Einleitung

Problemstellung und Ziel der Arbeit

Newsletter per E-mail sind weltweit und auch in Deutschland in immer stärkerem Masse in den letzten Jahren ein Mittel des Marketing von Firmen und Organisationen geworden . In der Betriebswissenschaft ist der Einsatz von Newslettern als ein Instrument im Marketing-Mix ein relativ neues Themenfeld.

Die vorliegende Arbeit untersucht –nach einer Definition des Newsletters als per e-mail versandten elektronischen Newsletters und einer kurzen Erklärung der technischen Varianten des elektronischen Newsletter - welche Erfolgsfaktoren es bei dem Marketing durch Newsletter gibt und inwiefern diese Erfolgsfaktoren von der Herausgebern bei der Gestaltung von Newslettern berücksichtigt werden.

Ein Vergleich der Literatur zeigt, dass es bereits einen Art von Konsens gibt, was allgemein als Erfolgsfaktoren des Marketing durch Newsletter angesehen wird. Es werden 10 maßgebliche Erfolgsfaktoren ermittelt und beschrieben, die darüber entscheiden, ob ein Newsletter ein erfolgreiches Instrument im Marketing-Mix darstellt.

Um alle Aspekte der Anwendung der Erfolgsfaktoren in den Newsletter zu untersuchen, wurden wichtige Branchen der deutschen Wirtschaft identifiziert, konkreten Firmen diesen Branchen zugeordnet und die Webseiten dieser Firmen daraufhin kontrolliert, ob sie und wie sie Newsletter anbieten. Die Newsletter wurden dann auf den Webseiten der Firmen bestellt und in einer Langzeit-Analyse über 6 Monate beobachtet und ausgewertet.

Anhand einer empirischen Analyse von mehr als 50 in die Untersuchung miteinbezogenen Newslettern größerer Firmen aus Deutschland, die zum besseren Vergleich und Verständnis in branchenbezogenen Gruppen strukturiert werden, wird geprüft, ob die Herausgeber der von deutschen Firmen versandten Newsletter diese Erfolgsfaktoren kennen, sie anwenden und inwieweit sie sie anwenden.

Aus der empirischen Analyse der versandten Newsletter werden die Defizite und richtig angewandten Erfolgsfaktoren herauskristallisiert. Die Sichtung und Bewertung der Vorgehensweise der Firmen, die Newsletter versenden, und die Inhalte der Newsletter lassen weitgehend eindeutige Rückschlüsse über das Verständnis der Erfolgsfaktoren durch die Herausgeber zu.

Dies führt zu einer allgemeinen Einschätzung des Marketing durch Newsletter in Deutschland, aber auch zu konkreten Ratschlägen und Schlussfolgerungen, wie Herausgeber von elektronischen Newsletter ihr Produkt und damit auch Ihre Marketingstrategie mittels Newsletter verbessern können.

Die Arbeit zielt auf eine Analyse mit konkreten Empfehlungen ,die einen eindeutigen Nutzen für die Leser bietet, insbesonders dann, wenn sie Herausgeber eines elektronischen Newsletters oder auch evt. vergleichbarer journalistischer Produkte sind.

Herausgeber von Newsletter sollen nach der Lektüre der vorliegenden Arbeit in der Lage sein, selbst zu erkennen, welche Schwächen ihr eigener Newsletter als ein Instrument im Marketing-Mix besitzt. Sie sollen auch in der Lage sein, die konkret formulierten Empfehlungen und Ratschläge aufzunehmen und sie kreativ in die Tat umzusetzen.

Gliederung

Marketing durch Newsletter

1. Definition und Bedeutung des Begriffes „Newsletter“

Ein Newsletter im Sinne dieser Arbeit ist eine in regelmäßigen oder unregelmäßigen Abständen per E-mail versandte Mitteilung an eine genau definierte Zielgruppe.

Ein Newsletter, per E-mail versendet, erfüllt die gleiche Aufgabe und Funktion wie die (herkömmliche) Kundenzeitschrift. Ein solches Medium hat auch und gerade werbenden Charakter, da es z.B. den Kunden auf neue Produkte und Dienstleistungen aufmerksam macht, auf bestehende Produkte und Dienstleistungen hinweist und somit ganz allgemein die Kundenbindung, d.h. das Verhältnis zwischen werbendem Unternehmen und Kunden, verstärkt. Es ist aber auch ein Konzept eines strikt journalistischen Produktes möglich, das den Leser über Branchenentwicklungen neutral informiert, ohne auf die Produkte des Herausgebers werblich einzugehen. Den Nutzeffekt für den Herausgeber besteht dann in der großen Akzeptanz des Newsletters und der Image-Steigerung durch ihn. Einer Firma, die sich so kompetent äußert, kann man auch als Lieferant vertrauen.

Im Zusammenhang des Themengeflechts „Newsletter und Kundenbindung“ verwendet Matejcek die anschauliche Formulierung „Kundenbindung, das heißt: Beziehungsmarketing“[1]. Hierzu gehört auch die Notwendigkeit (und Chance), einen Newsletter als Traffic-Builder einzusetzen[2]. Unter Traffic (also Verkehr) wird allgemein die Besuchsfrequenz/-häufigkeit und auch Besuchsdauer einer Internetseite verstanden. So kann z.B. ein Newsletter dazu genutzt werden, Informationen nur zusammengefasst mit dem Hinweis weiterzugeben, die ausführliche Information aber auf der homepage abrufen zu können. Eine solche Maßnahme erhöht z.B. die Besuchsfrequenz und insbesondere die Verweildauer, was z.B. zu Werbemaßnahmen genutzt werden kann.

---

[1] Matejcek (2001) S. 71; vgl. zum Thema „Kundenbindung“ Kotler (1999) S. 165 ff.
[2] Vgl. Matejcek (2001) S. 75 ff.

Die praktische Nutzung von Newslettern in ihren verschiedensten Ausprägungen kann sehr anschaulich in den unterschiedlichsten Informationssendungen bei (deutschsprachigen) Fernsehsendern beobachtet werden. So wird oft am Ende der Sendung ein Hinweis gebracht, wie und mit welcher E-mail-Adresse Kontakt zur Redaktion aufgenommen werden kann, um weitere Informationen zu bekommen. Die nach Kontaktaufnahme versendeten Newslettern können (dem Sender) dazu dienen, die Zuschauerbindung und die Einschaltquoten indirekt zu erhöhen.

Ein Newsletter sollte, auch wenn er online versendet wird, genauso sorgfältig und akkurat gestaltet werden, wie eine Printversion. Diese Anforderung begründet sich nicht zuletzt in der Tatsache, dass viele online versendete Unterlagen vom Empfänger vor Lektüre derselben ausgedruckt werden. Damit „konkurriert" dieses (vormalige) Online-Produkt nun mit klassischen Printprodukten. Zu dieser sorgfältigen Gestaltung gehören alle „Pflichtangaben" wie z.B. korrekte Adresse, angemessene Ansprache des Empfängers etc.

Der Newsletter hat die Funktion, eine Marketing-Transportleistung zu erfüllen. Diese Marketing-Transportleistung bedeutet, dass er als Vehikel Marketingbotschaften vermitteln soll und somit den Absatz/Umsatz der werbenden Unternehmung fördern soll. Deshalb ist es sinnvoll, das Abonnement eines solchermaßen gestalteten Newsletters auch über die eigene homepage oder die Nutzung fremder Internetseiten zu bewerben[3].

Der Newsletter im E-mail-Format wird auch in Deutschland schon längst häufig als ein Dialogmarketing-Instrument nicht nur im Business-to-Consumer-Bereich, sondern auch zur B2B-Kommunikation eingesetzt. Der Einsatz eines Newsletters hat zahlreiche Vorteile:

---

[3] Vgl. Matejcek (2001) S. 127 ff.

1) Der Newsletter ist ein kostengünstiges Instrument. Die Kosten betragen ein Bruchteil der Kosten eines Mailings. Papier- und Druckkosten entfallen. Die Versandkosten sind verschwindend gering.

2) Er ist auch für Hersteller und Zulieferer geeignet, die keinen Massenmarkt, sondern Nischenmärkte bedienen.

3) Der Newsletter ist ein responsestarkes Medium. Da E-mail (wie alle Internet-Dienste) ein schnelles Tool ist, ist auch der E-mail-Newsletter ein responseschnelles Instrument. Zirka vier Fünftel des Response bekommt der Herausgeber innerhalb der ersten 2 bis 3 Tage

4) Die Response ist messbar. Über Tracking der jeweiligen Links kann der Versender auswerten, welche Informationen die Empfänger tatsächlich angesprochen haben. Es besteht zumindest die Möglichkeit, dass die nachfolgenden Ausgaben in kürzester Zeit inhaltlich auf die Informationsbedürfnisse der Empfänger zugeschnitten werden.

5) Wenn die Abonnentenzahl sich vergrössert hat, können aufgrund der eventuell gewonnenen Leserprofile auf spezielle Zielgruppen zugeschnittene Newsletter angeboten werden

Für den Newsletter spricht die wechselseitige Zielgenauigkeit.
Für den Abonnenten des Newsletters bietet sich die Möglichkeit, der vorherrschenden Informationsüberlastung dadurch zu entgehen, dass er exklusiv diejenigen Informationen erhält, für die er sich auch tatsächlich interessiert. Der Herausgeber des Newsletter seinerseits erhöht seine Chancen, mit seinem Newsletter die avisierte Zielgruppe tatsächlich zu erreichen.

Durch die Wahl des Anmeldeverfahrens, die Gestaltung der Anmeldung, das Layout und die Inhalte des Newsletters können die herausgebenden Unternehmen Einfluss auf die Anzahl der qualifizierten Abonnenten und deren Dialogverhalten nehmen.[4]

Für alle Newsletter gelten folgende Charakteristika:[5]

a) Hypertext-Prinzip.

In die Newsletter können links eingebaut werden. Jeder Nutzer kann individuell entscheiden wie tief er in das Thema einsteigen will.

b) Multimedialität

Es sind nicht nur textliche Links, sondern auch Links zu Audio- und Video-Medien möglich. Im HTML-Formal können bildliche Darstellungen direkt eingebunden werden.

c) maschinelle Interaktivität

Der Nutzer hat in gewissem Rahmen die Möglichkeit zur Interaktion mit dem Medium, sowohl was Art, Umfang, Zeitpunkt und Dauer des Informationsabrufs betrifft.

d) personelle Interaktivität

Möglichkeit der Nutzung der Online-Medien zur reziproken Kommunkation mit bekannten Partnern.

Viele Newsletter geben nicht nur Textlinks, sondern auch e-mail Adressen an. Es besteht damit die Möglichkeit für den Empfänger, sofort zu bestellen oder detailliertere Anfragen zu starten.

2. Moderne Marketing-Strategie mit Newsletters

Newsletter-Marketing ist nur ein (kleiner) Bestandteil des Marketing-Mix. Erfolgreiches Newsletter-Marketing sollte in eine Gesamt-Marketing-Strategie eingebettet sein.

Moderne Marketing-Strategien im Sinne eines Customer-Relationship-Management insistieren auf einer kundenfocussierten Philosopie der Unternehmensführung auf der Grundlage integrierter IT-Systeme. Sämtliche Geschäftsprozesse werden auf den Kunden ausgerichtet.

---

[4] Prof. Christian Gündling „Erfolgsfaktoren in E-mail Newsletter im B2B", White Paper, 2004

[5] Bliemel/Fassott/Theobald „Electronic Commerce" S.241

Integrierte IT-Systeme dienen der Zusammenführung aller kundenbezogenen Informationen und der Synchronisation aller Kommunikations- und Distributionskanäle.

Logischerweise ist dann die Ergänzung des Newsletters ein optimiertes System, mit dem per e-mail durch Newsletter generierte Anfragen auf eine intelligente Weise personalisiert werden.

Ziele dies Customer-Relationship-Managements sind nachhaltige Erfolge durch Etablierung langfristiger Geschäftsbeziehungen, langfristige Wertgenerierung durch Kundenintegration.

Dem Unternehmen schwebt das Bild des individuellen Kunden vor, der individualisierte Leistungen erhält. Tendenziell wird die Priorität mehr auf die Pflege bestehender Kundenbindungen als auf die Neukundengewinnung gelegt.

Das Marketing durch Newsletter lässt sich in ein Customer-Relationship-Management nur dann einbinden, wenn es eine Reihe von Erfolgsfaktoren erfüllt.

3. Erfolgsfaktoren des Marketings durch Newsletter

3.1 Zielgruppenauswahl

Die richtige Zielgruppe ist die Grundvoraussetzung für den Erfolg einer modernen Marketing-Strategie.

Es gibt drei Methoden der Zielgruppendefinition:
a)Branchen-E-mail-Adressen
b)Kunden-E-mail-Adressen (optout-Adressen)
c)optin-E-mail-Adressen

3.1.1 Branchen –E-mail-Adressen

Das Internet hat seine eigene Gesetzmäßigkeiten. Es wurde in der Einleitung die Verwandtschaft zwischen Newsletter und Kundenzeitschrift betont. Wenn das auch inhaltlich zutreffend ist, so ist das von der Verbreitungsmethode nicht zutreffend.

Das Zusenden unerwünschter Mitteilungen ist im Internet wesentlich häufiger als in der „realen“ Welt. Das wird inzwischen auch rechtlich anders bewertet.

Rein theoretisch kann eine Firma alle einschlägigen Branchen-E-mail – Adressen erwerben oder gleich sich eine CD-Rom mit 32 Millionen e-mail-Adressen weltweit besorgen.

Ein Versenden des Newsletters an diese Zielgruppe würde als „spam“, als massenweise versandte unerwünschte Werbung gewertet. Dies würde als ein Verstoß gegen die Netiquette, ein moralischer Standard richtigen Verhaltens im Internet, bewertet werden..

Juristisch wurde bislang in Deutschland „spam“ unterschiedlich bewertet. Während einige Gerichte „spam“ verurteilten, begrüßte ein Amtsgericht „spam“ als Beitrag zum Wirtschaftswachstum.

Der Bundesgerichtshof hat mit Urteil vom 11.03.2004. AZ I ZR 81/01 ein Grundsatzurteil zum Bereich e-mail-Werbung gesprochen.

Die Zusendung einer unverlangten e-mail-Werbung zu Werbezwecken verstößt grundsätzlich gegen die guten Sitten im Wettbewerb. Eine solche Werbung ist nur dann ausnahmsweise zulässig, wenn der Empfänger ausdrücklich oder konkludent sein Einverständnis erklärt hat, e-mail-Werbung zu erhalten oder, wenn bei der Werbung gegenüber Gewerbetreibenden auf Grund konkreter tatsächlicher Umstände ein sachliches Interesse des Empfängers vermutet werden kann.

Ein die Wettbewerbswidrigkeit ausschließendes Einverständnis des Empfängers der e-mail hat der Werbende darzulegen und gegebenenfalls zu beweisen.

Der Werbenden hat durch geeignete Maßnahmen sicher zu stellen, dass es nicht zu einer fehlerhaften Zusendung zu Werbezwecken auf Grund ein Schreibversehens eines Dritten kommt.

Während in der Regel bei Wettbewerbsverstößen der Verletzte die Beweislast dafür hat, dass ein Wettbewerbsverstoss vorliegt, sieht der BGH dies umgekehrt. Der Versender der e-mail hat die Darlegungs- und Beweislast dafür, dass die Zusendung einer Werbe-e-mail mit dem Einverständnis oder im Interesse des Empfängers erfolgt.

Es handelt sich hier um ein ganz neues höchstrichterliches Urteil. Die Behandlung konkreter Problemfälle durch die Gerichte bleibt abzuwarten. Auch Kommentare liegen zu diesem Urteil noch kaum vor.

Dennoch kann bereits jetzt gesagt werden, dass das Versenden eines Newsletters an beispielsweise gekaufte e-mail Adressen einer Branche ein Verstoß gegen das jüngste BGH-Urteil wäre und von dem Wettbewerb entsprechend verfolgt werden könnte.

Eine klassische Zielgruppen-Analyse für den Newsletter durch die Marketing-Abteilung ist nicht mehr sinnvoll, weil der Versand des Newsletters an eingekaufte, nach soziologischen Kriterien gegliederte e-mail Adressen rechtlich nicht mehr zulässig ist.

3.1.2 Kunden-e-mail Adressen

Eine Möglichkeit ist, den Newsletter an die eigenen Kunden zu schicken. Dies ist mit Sicherheit rechtlich unproblematischer. Wichtig dabei ist, in jedem Newsletter eine optout-Möglichkeit zu eröffnen. Die Empfänger sollen sich jederzeit selbst vom Verteiler streichen können. Die Abbestellfunktion sollte bequem realisierbar sein und keine Hemmschwelle darstellen.

3.1.3. Optin-Möglichkeit

Der Newsletter wird nur an die Besteller geschickt, die ihn auf der eigenen oder fremden website anfordern. Rechtlich ist dieses Vorgehen unangreifbar, wenn der Besteller die Möglichkeit zu einer späteren Abbestellung (optout-Möglichkeit) hat.

Sehr oft wird beides kombiniert: Newsletters werden an die eigenen Kunden geschickt und an Interessenten, die ihn ausdrücklich angefordert haben.

Das E-mail-Marketing bietet rein theoretisch ein großes Feld der Neukunden-Findung. Es sind hierbei aber die rechtlichen Grenzen zu berücksichtigen. Die Neukunden-Gewinnung kann z.B. durch das Angebot der Abonnierung des Newsletters auf der eigenen website und auf fremden Internet-Präsenzen gefördert werden. Nach der Kontaktierung durch den neuen Leser kann mit der Akquisition begonnen werden. Dem potentiellen Neukunden kann ganz individuell mittels persönlicher Ansprache unter Nutzung elektronisch vorhandener Informationsmöglichkeiten (wie z.B. Produktinformationen per attachement) eine Werbebotschaft vermittelt werden. Auf eine e-mail an den Spielwarenhersteller Lego zu aktuell nicht verfügbaren Sortimentsteilen erfolgt beispielsweise innerhalb von zwei Stunden der persönliche Reaktion der Kundenbetreuerin.

Die Beschränkung der Newsletters auf die eigenen Kunden und die Newsletter-Besteller ist nicht nur rechtlich geboten, sie ist auch im Sinne einer modernen Marketingstrategie, die anstatt auf kurzfristige Verkäufe auf die Akzeptanz eines Unternehmen im Markt setzt, die durch elektronischen Versand unerwünschter Werbung möglicherweise gemindert würde.

Der Newsletter-Versand ist eine Form des „Permission Marketing".
Permission Marketing bedeutet: „Kunden wollen wählen können." Nur wenn der Kunde oder potentielle Neukunde es wünscht, wird er über Produkte oder Dienstleistungen informiert. Anstatt Massenversand steht

die individualisierte Botschaft im Vordergrund. Ziel des Permission Marketing ist „Turn Strangers into friends and friends into Customers!" [6]

Aber auch die Beschränkung auf opt-in schützt nicht davor, dass der Newsletter im Spamfilter hängen bleibt. Spam behindert damit die legitime Formen von e-mail Werbung.

Immer mehr E-mail-Newsletter bleiben in Spam-Filtern hängen, obwohl sie vom Empfänger ausdrücklich erwünscht sind. Der E-mail-Diensttleister Agnitas untersuchte die Zustellung von Newslettern bei den 12 größten deutschen Internet- und Freemail-Providern. Dabei stellte sich heraus, dass die Quote der nicht ordnungsgemäß zugestellten E-mails im Regelfall 10 bis 20%, in Einzelfällen sogar bis zu 30% beträgt .[7]

3.2 Zielgruppenansprache

Jeder kennt die bekannte Werbung von „Focus" im Fernsehen. Herr Markwort sagt: „Und immer an die Leser denken!".

Das ist das Geheimnis der richtigen Zielgruppenansprache, die Susanne Ackstaller auf den elektronischen Newsletter so anwendet:[8]
„Bei neuen Lesern einen Blick auf seine e-mail Adresse werfen! Damit können Sie häufig dessen Firma und Branche identifizieren. Haben Sie z.B. sehr viele Softwarefirmen, können Sie ab und zu ein Thema bringen, das gerade für diesen Leserkreis interessant ist."

Die Zielgruppenansprache muß kundenorientiert oder zielgruppengerecht erfolgen. Die Redaktion des Newsletters muß sich an dem Nutzen der Information für den Kunden orientieren. Je größer der Nutzen der Information ist, desto stärker steigt die Akzeptanz des Newsletters.

---

[6] Seth Godin „Permission Marketing"
[7] Ulrike Leipnitz „Agnitas macht E-mail-Newsletter sicher gegen Spam-Filter"
[8] Susanne Ackstaller „Was macht einen Newsletter erfolgreich"

Nach einer Studie von Prof. Gündling lesen 9 % der Newsletter-Empfänger komplett den Newsletter. 63 % der Empfänger lesen den Newsletter selektiv. Bei 26 % fällt die Entscheidung zum Lesen beim Lesen des Inhaltverzeichnisses.[9]

3.3 Inhalt

Wenn ein Newsletter in der Mailbox ankommt, sieht der Empfänger zunächst Absender und Betreff-Zeile. Bereits hier wird über den Erfolg des Newsletters entschieden.

Prof. Ralf Bickau und Pierre Samaties erklären: "Hier entscheidet der Leser, ob er diese Mail öffnet oder löscht. Der Absender muß also eindeutig erkennbar sein. E-mails mit unbekannten Firmennamen werden meist sofort gelöscht oder geraten in den Spamfilter. Ist man einmal im Verdacht, Spam zu versenden, ist der gute Ruf beschädigt. Nachdem die Absenderadresse akzeptiert wurde, wandert der Blick des Empfänger in die Betreffzeile. Hier muß dem Betrachter direkt deutlich werden, warum er diese e-mail lesen sollte oder welche Benefits durch das Lesen zu erwarten sind. Wichtig ist hierbei:

-keine oberflächlichen Werbe-Slogans verwenden: Aussagen mit Inhalt liefern.
-Betreff nicht in Großbuchstaben
-keine Sonderzeichen zum Gestalten der Betreffzeile verwenden
-keine drei aufeinanderfolgende Leerzeichen benutzen".[10]

Laut der Studie von Prof. Gündling verzichten mehr als 25 % der Newsletter auf ein Inhaltsverzeichnis. Wie bei Print-Magazinen sollte aber auch in dem online-Newsletter ein Inhaltsverzeichnis veröffentlicht werden.

Es hilft bei der Orientierung und spart dem Leser in Zeitnot Zeitverlust.

---

[9] Christian Gündling „Erfogsfaktoren für Online-Newsletter" S.46,47

[10] Prof. Dr. Ralf Brickau/Pierre Samaties „Anti-Spam Maßnahmen: Dem PC-Papierkorb entkommen"

Neben einer Überschrift kann in einem kurzen Satz im Inhaltsverzeichnis der Inhalt erläutert sein. In umfangreicheren Newslettern sollte ein Link den direkten Sprung zu dem Artikel ermöglichen.[11]

Newsletter enthalten für gewöhnlich Produktinformationen. Umfragen haben gezeigt, dass Newsletter, die nur Produktinformationen enthalten, von 26 % der Europäer abgelehnt werden. Newsletter, die nur Produktinformationen enthalten, droht die Abbestellung durch einen großen Teil der Zielgruppe.
Dies wird im übrigens indirekt auch durch die Untersuchung von Prof. Gündling bestätigt. 68 % der befragten Leser wünschten sich mehr Fachinformationen, wie z. B. Trends und 63 % mehr Lesetipps wie Fachartikel.[12]

Welchen Inhalt sollte ein Newsletter bieten:
-Marktanalysen
-einkaufsunabhängige Informationen wie Veranstaltungskalender, events
-Unterhaltung und Spaß
-Berichte über Trends
-Tipps, Tricks, Rezepte
-Fallstudien
-exklusive Angebote für Abonnenten
-Ankündigungen neuer Produkte
-Pressemeldungen
-Buchrezentionen
-Linktipp der Woche, Linklisten

Newsletter, die Ihre Leser in die Gestaltung des Newsletter miteinbinden, haben die Chance aus passiven Lesern eine Gruppe von Fans zu machen, die jede neue Ausgabe ihres Newsletters sehnsüchtig erwartet.

Zu diesen interaktiven Elementen gehören:

---

[11] Christian Gündling „Erfolgsfaktoren für Online-Newsletter“

[12] Christian Gündling „Erfolgsfaktoren für Online-Newsletter“

1. Leserbriefe
2. Rubriken wie „Fragen Sie den Experten!
3. Umfragen
4. Gewinnspiele

Für Newsletter gelten die Spielregeln anderer journalistischer Produkte: Aktualität, Exklusivität von Nachrichten und Nutzeneffekt von Informationen verschaffen dem Newsletter die Kompetenz, die auf das ganze Unternehmen ausstrahlt. Sinnvoll ist es den unique selling point des Unternehmens oder anders ausgedrückt die Einzigartigkeit der Informationen des Newsletters herauszustellen.

Susanne Ackstaller rät:
„Machen Sie Ihren Newsletter unverwechselbar durch Stil, Optik, Themenwahl. Wichtig ist dabei aber: Stimmig muß Ihr Auftritt sein, und zu Ihnen und Ihrem Unternehmen passen."[13]

3.4 Sprache und Stil

Sprache und Stil sind Unterscheidungsmöglichkeiten. Ist Sprache und Stil reißerisch, können Newsletter-Redakteure Ihre Leser vor den Kopf stoßen, ist der Stil knochentrocken kann es zu einer geringeren Akzeptanz des Newsletters führen. Auch ein frecherer Auftritt eines Fachbeitrages kann zu einer sinnvollen Auflockerung und damit zu einer Abgrenzung von der Konkurrenz führen.

3.5 Design und Form

Grundsätzlich ergeben sind drei Formen von Newsletter:

1. Text-Format
2. HTML-Format
3. PDF-Format

3.5.1 Text-Format:

Der Newsletter sieht aus wie ein normales e-mail. Die Gestaltungsmöglichkeiten sind naturgemäß beschränkt.

Spam-Programm lassen im übrigen solche Text-e-mails eher durch als e-mails im HTML-Format.

3.5.2 HTML-Format

Der Newsletter sieht aus wie eine gestaltete website und ist daher ansprechender als eine reine Text-Seite. Er ist auch dann allerdings schwerer und wird evt. deswegen von Empfängern abgelehnt.

E-mails im HTML Format zu verschicken hat allerdings seinen Preis: Nur ein Teil der e-mail accounts ist so eingestellt oder einstellbar, dass HTML-Dateien gelesen werden könne. Die Interessenten, die HTML-Dateien öffnen, und keine Lesemöglichkeit für HTML-emails haben, sehen dann den HTML-Quellcode, der sicherlich zu unfreundlich aussieht, um gelesen zu werden.
Außerdem können viele HTML-Newsletters schnell dazu führen, dass kostenlose Accounts die Grenze ihrer Megabytes erreicht haben. Dann kann der Empfänger keine weiteren e-mails bekommen und reagiert evt. mit Verärgerung über die Firmen, die sein e-mail account verstopft haben.

3.5.3 Newsletter als website

Diese Newsletter sind sozusagen eine Zwischenform zwischen Text und HTML. Der Newsletter kommt in Text-Format an, enthält aber hauptsächlich nur einen Link auf den eigentlichen Newsletter, der als Website auf einem Server liegt.
Vorteil: Er belastet nicht das e-mail Konto. Alle Gestaltungsmöglichkeiten von HTML können genutzt werden. Nachteil: Der Leser sieht nicht beim Öffnen des e-mails auf einen Blick, worum es in dem Newsletter geht.

3.5.4 Newsletter als Anhang.

Ein Newsletter kann auch (in Form eines attachements) als PDF-Datei versendet werden. Der Nachteil einer PDF-Datei liegt in der vergleichsweisen großen Daten- und damit auch Speichermenge, die

---

[13] Susanne Ackstaller „Was macht einen Newsletter erfolgreich“

natürlich auch die Datenübertragung verlängert[14]. So werden z.B. Quartals- oder Geschäftsberichte von Unternehmen i.d.R. von Unternehmen den Interessierten als PDF-Datei zur Verfügung gestellt. Eine Verärgerung der Empfänger ist bei
dem „Gewicht“ dieser Daten leicht möglich. Viele Empfänger haben nämlich kostenlose e-mail accounts, die nur eine begrenzte Anzahl Megabytes zulassen.

Newsletter werden immer vermehrt als normale Publikationen betrachtet. Der Anspruch der Leser an die Form steigt. Leser erwarten von Ihren online-Magazinen wertvolle Inhalte in ansprechender Aufmachung. Zum Beispiel wurden alle Buongiorno-E-mail-Magazine von der prominente italienischen Agentur Fabrica, die auch für Benetton-Kampagnen verantwortlich zeichnet, designt.[15] Die Anlehnung an Print-Magazine wird durch das Layout verstärkt. Attraktives Design und vom Print-Format vertraute Formen sollen dem Leser das Lesern erleichtern.
Gleichzeitig werden dadurch die Werbeflächen betont und deren Wertigkeit erhöht.

3.6 Personalisierung

Newsletters mit einer personalisierten Ansprache sind üblich:
„Max Mueller: Ihr Domain-Newsletter vom 10. Mai 2004“. Dies entspricht personalisierten Websites wie sie z.B. auch Yahoo anbietet.

Personalisierte e-mail können auch kontraproduktiv sein.
„Lieber Hans Bald, was halten Sie und Ihre Frau Anna von einem Urlaub in Mallorca“.
Personalisierte e-mails, die den sammelnden Umgang von Daten bzw. laxen Umgang mit dem gesetzlichen Datenschutz überdeutlich werden lassen, können durchaus zu negativen Reaktionen der Empfänger führen.

[14] Zu den „Risiken“ einer langen Download-Zeit vgl. Werner/Stephan (1998) S. 28 ff.
[15] Stefan Lange „Bessere Leserbindung und mehr Response durch optimiertes Newsletter Design“

Verschiedene Internet-Anbieter verkaufen e-mail Adressen mit Kundenprofilen. Da das BGH-Urteil den Einkauf solcher Adressen nicht als sinnvoll erscheinen lässt, werden die Möglichkeiten der Personalisierung beschränkt.

Es ist aber sicherlich noch möglich innerhalb des eigenen Stammes von e-mail Adressen anhand der existierenden Kundeninformationen Personalisierungen und Individualisierungen vorzunehmen. Einfachste Trennungen sind z.B. Separierung der ausländischen Kunden von den deutschen, der mutmaßlich englischsprachigen von den deutschsprachigen, Individualisierung nach angegebenen Interessensschwerpunkten oder nach bisher getätigten Einkäufen.

Individualisierte Newsletter können natürlich auch für ein Angebot von personalisierten Produkten und Dienstleistungen genutzt werden.

3.7 Frequenz (Periodicy)

Bei einer Tageszeitung ist die Erscheinungsfrequenz festgelegt. Die Newsletter herausgebende Unternehmen können über die Frequenz selbst entscheiden. Manche Newsletter erscheinen regelmäßig, manche nur sporadisch.

Peter Samties und Prof. Dr. Ralf Brickau meinen:

„Der wichtigste Aspekt ist die Frequenz. Diese muß sorgsam getaktet sein. Kommt der Newsletter zu häufig, wird er abbestellt und schlimmstensfalls sogar als Spam empfunden. Kommt er zu selten, können den Abonnenten wertvolle Informationen fehlen.“[16]

Die regelmäßige Erscheinungsweise eines Newsletter lassen Ruckschlüsse auf die Seriosität des Unternehmens und der Stabilität der Redaktion zu. Aber auch regelmäßig erscheinende Newsletter können aus gegebenem Anlass Sonderausgaben veröffentlichen, z.B. zur CeBIT.

---

[16] Ralf Brickau/Pierre Samaties „Anti-Spam Maßnahmen“

Die Versendung eines sogenannten stand-alone-Newsletters mit eigenem Absender aber als e-mail-Werbung für ein drittes Unternehmen ist nicht nur rechtlich problematisch. Es kann von den Empfängern als unerwünschte Werbung klassifiziert werden und zu Abbestellung des eigentlichen Newsletters führen.

3.8 Plazierung des Abonnementangebotes

Da die e-mail Adressen aus rechtlichen Gründen selbst gewonnen werden müssen, spielt die Plazierung des Angebots der Abonnierung auf der eigenen oder fremden website eine zunehmend große Rolle. Eine geschickte Plazierung an einem prominenten Platz kann zu gesteigerten Bestellungen des Newsletters führen. Auch Bewerbungen in ähnlichen Newslettern kann die Anzahl der Abonnenten eines Newsletters steigern.

3.9 Anzeigen in Newsletter

Anzeigen in Newslettern sind Sonderformen des Marketings mit Newslettern.

Werbetreibende können Anzeigen in Newslettern schalten. Für die Anzeigenschaltung sind Auflage, Inhalt und Zielgruppe des Newsletters entscheidend. Aus den Themen eines Newsletters lassen sich sehr klare Affinitäten zu bestimmten Produkten und Zielgruppen herleiten. Manchmal ist sogar die Platzierung von Anzeigen in der Nähe bestimmter redaktioneller Angebote möglich. Das Anzeigenumfeld hat einen großen Einfluß auf den Response. Abgerechnet werden diese Anzeige nach dem Tausender-Preis der Auflage oder nach Clickthrough, wobei für jeden click bezahlt werden muß. Die Bewerbung des eigenen Newsletters durch Anzeigen in verwandten Newslettern kann eine erfolgreiche Methode darstellen, neue Leser für den eigenen Newsletter zu gewinnen.

3.10 Process

Die Einfachheit des Anmeldeprozesses hat auch einen Erfolgseinfluß auf den Newsletter. Oft muß der Kunde nur seine e-mail Adresse angeben, manchmal auch User ID und Passwort. Newsletter, die mehr von ihren

Lesern wissen wollen, reduzieren damit auch die Abonnentenzahl, weil die Leser nicht ganz zu Unrecht einen Missbrauch ihrer Daten durch das Unternehmen und eine Weitergabe der Daten für möglich halten.

Empfehlenswert für die Anmeldung des Empfängers beim Newsletter ist das Double-Opt-in Verfahren. Dabei gibt der Besteller seine e-mail-Adresse an und muß noch per e-mail bestätigen, dass tatsächlich er den Newsletter bestellt hat. Mit dem Double-opt-in Verfahren können die Newsletter vertreibende Firmen ihre Seriösität unterstreichen und dem Konsumenten Vertrauen einflössen.

Zu diesem Ergebnis kommt auch Prof. Gündling in einer Studie der FH Oldenburg/Ostfriesland/Wilhelmshaven:
„ Die Gefahr des Missbrauchs des Instruments Newsletter wächst. Die Empfänger werden in Zukunft sensibler und zurückhaltender auf Newsletter-Angebote reagieren. Dies gilt insbesondere für Newsletter, die von Unternehmen herausgegeben werden, die dem potenziellen Empfänger bisher unbekannt sind. Mit dem Double-opt-In-Verfahren kann der Herausgeber unterstreichen, dass ihm die Sicherheit und das Vertrauen seiner Abonnenten äußerst wichtig sind. Deshalb sollten die Unternehmen ihren Interessenten grundsätzlich dieses Verfahren anbieten. Der Grund hierfür sollte wiederum auf der Anmeldeseite und den Bestätigungsmails erläutert werden.“[17]

Gut für das Image eines Newsletters ist es, wenn die Abmeldungsprozedur genauso einfach läuft wie die Anmeldung. Es gibt bereits Tausende Internetuser, die unfreiwillig Newsletter beziehen, weil sie sich nicht abmelden können

Prof. Gündling hat bei einer Umfrage unter 27.000 Newsletter-Empfängern 749 Newsletter-Empfänger erfolgreich befragt. 66,89 Prozent der

---

[17] Christian Gündling „Erfolgsfaktoren für Online-Newsletter“

Empfänger wünschen schon bei der Anmeldung Erläuterungen darüber, wie sie das Abonnement wieder kündigen können. 50 % der Unternehmen sehen eine Kündigungsmöglichkeit auf der Homepage vor, 65 % der Unternehmen eine Kündigungsmöglichkeit durch Link im Newsletter.

Prof. Gündling gibt wegen der offensichtlichen Defiziten folgende Empfehlung:
„Das Internet ist ein klassisches Pull-Medium. Der Newsletter als Instrument des Internets ebenfalls. Der Kunde entscheidet selbst, welche Informationen er bezieht. Deshalb ist es notwendig, schon bei der Anmeldung den einfachen Weg der möglichen Kündigung deutlich darzustellen. Dies stärkt das Vertrauen der Newsletter-Leser und gibt dem potenziellen Abonnenten mehr Sicherheit."[18]

Bereits auf der Anmeldeseite sollten Zielgruppe und Inhalt des Newsletters erläutert werden. Dies ist im Prinzip sowohl im Interesse des Versenders als auch im Interesse des Empfängers. Der Versender bekommt dadurch
eine homogenere Zielgruppe, der Empfänger wird von aus subjektiver Sicht unnötigem Informationsmüll verschont.

Nach der Studie von Prof. Gündling machen 69 % der Unternehmen keine Angaben über die Vorteile des Newsletters, 82 % keine Angaben über die Themen des Newsletters und 96 % keine Angaben über die Funktionsbereiche, an die sich die Newsletter richten.

Prof. Gündling schreibt:
„Die Inhalte eines Newsletters können immer nur für einen bestimmte Empfängergruppe interessant sein. Die Unternehmen sollten schon auf der Anmeldeseite genauestens erklären, welche Inhalte und welche Vorteile ganz bestimme Empfängergruppen von einem Abonnement des jeweiligen Newsletters erwarten können."[19]

---

[18] Christian Gündling „Erfolgsfaktoren für Online-Newsletter"
[19] Christian Gündling „Erfolgsfaktoren für Online-Newsletter"

4. Erfolgsmessung

4.1 Quantitativ messbarer Erfolg

4.1.1 Umsatzsteigerung

Der Nutzen einer E-mail-Marketing-Maßnahme lässt sich nur durch Verkaufserfolge messen. Lassen sich solche durch die direkte Zuordnung von E-mail-Marketing-Aktionen und Verkaufserlösen ermitteln, so ist ein quantitativer Erfolg leicht zu errechnen. Dies gilt insbesondere bei genau zuzuordnenden Erlösen und Kosten bzw. Aufwendungen.

Zur Effizienz eines Marketingprogramms gehört nicht nur ein gutes Verhältnis von eingesetztem zu erlöstem Kapital sondern auch ein möglichst kurzer Abstand zwischen Investment und Return[20]. Da es sich beim Internet um ein technisches Kommunikationsinstrument handelt, sind quantitativ messbare Erfolgsindices grundsätzlich möglich. Als messbarer Erfolgsfaktor kann im z.B. die Anzahl der Besuche und die Besuchsdauer auf einer Internetseite angesehen werden[21]. Die Steigerung der Anzahle der Besuche und deren Besuchsdauer stellt aber noch kein unternehmerisches Ziel. Letztendlich geht es darum, den Absatz (und Umsatz) der eigenen Produkte und Dienstleistungen zu steigern, und um dieses Ziel zu erreichen, die (kosten-)optimalste - im Sinne einer entscheidungsrelevanten Kosten-Leistungsrechnung – Werbemöglichkeit zu finden.

Durch sogenanntes Tracking kann jeder Nutzer elektronisch verfolgt werden, von der Öffnung des e-mails mit dem Newsletter über den Besuch der website bis zur Bestellung.

In der Untersuchung von Prof. Gündling erklärten 38 % der Newsletter-Empfänger weitere Informationen über ein Produkt angefordert zu haben. 13 % der Leser kauften aufgrund der Newsletter-Informationen bereits mindestens einmal ein Produkt.[22]

---

[20] Schneider (2003) S. 217 f.

[21] Zur Messung der PageImpressions vgl. Werner/Stephan (1998) S. 178 ff.

[22] Christian Gündling “Erfolgsfakoren für Online-Newsletter”

4.1.2 Senkung der Marketingkosten

Übertragen auf das hier zu behandelnde Thema, nämlich des E-mail-Marketings, geht es darum, diesen Kommunikationsweg optimal in oben genannten Sinne zu nutzen. Die Kosten einer direkten E-mail-Korrespondenz sind leicht messbar, bezüglich der direkten Telefon- und Provider-Kosten recht gering und können nur in Bezug auf die anfallenden Personalkosten bei einer sehr persönlichen Ansprache von einem nennenswertem Betrag sein.

Ein intelligentes Marketing durch Newsletter und e-commerce kann die Marketing-Kosten eines Unternehmen senken, weil online-Marketing nicht nur eine ergänzende Marketing-Methode ist, sondern auch substitutiv eingesetzt werden kann, d.h. klassische, aber teuere Marketing-Maßnahmen ersetzen kann. Es bleibt natürlich jedem Unternehmen selbst überlassen, ob es durch online-Marketing die Marketing-Aktivitäten absolut ausweitet oder diesen Weg der Substitution geht.

4.2 Qualitativer Erfolg

Qualitativer Erfolg ist auch beim Newsletter-Marketing nicht messbar. Letztendlich besteht dieser Erfolg darin, das Image eines Unternehmens oder einer Dienstleistung anzuheben, um damit indirekt auf Dauer auch den Verkaufserfolg (im Sinne von Umsatz als konstante Menge X höherer Preis oder höhere Menge X konstanter oder gesenkter Preis) zu steigern.

Qualitativ wertvolle Erfolgsfaktoren können darin bestehen, dass sich der Traffic aufgrund von bestimmten Werbemaßnahmen auf der eigenen Internet-Seite erhöht und dadurch gezielter Umsatz mittels E-mail-Marketings generiert werden kann.

Die „Prominenz“ oder Popularität und damit Besuchshäufigkeit einer Seite kann mittels Newslettern, Kommunikationsforen und Gästebüchern deutlich gefördert werden und somit dazu beitragen, den Absatz der eigenen Produkte – ohne sofort feststellbare Wirkung – auf Dauer über eine Imageverstärkung zu fördern.

Die beste Verkaufsfördermaßnahme ist die sorgfältige, nachhaltige, individualisierte und auf keinen Fall impertinente Betreuung eines bestehenden Kundenstammes. Es geht im Kern darum, einen bestehenden Kundenstamm zu pflegen und deren (weiteren) Konsumwünsche zu befriedigen. Dabei ist es das Ziel, dass der bisherige Kunde bzw. die bisherige Kundin auch weiterhin das erwünschte und optimale Produkt beim Werbenden findet. Gerade bei einer solchen Zielsetzung kann ein informativer und gut gestalteter Newsletter ein gutes Instrument sein, eine wirkungsvolle Verbindung zum Kunden zu schaffen und sicherzustellen.

Generell ist festzuhalten, dass die Bindung zum Kunden über Maßnahmen des E-mail-Marketings aufgrund der starken Verbreitung des Internets eine genauso grosse , wenn nicht zunehmend grössere, Bedeutung als die klassischen Werbeformen haben wird, und deshalb sehr intensiv und entsprechend den Regeln (nicht zuletzt werbefördernden wie z.B. den der „Netiquette“[23]) zu pflegen ist.

5. Analyse von Newslettern

Um alle Aspekte der Anwendung der Erfolgsfaktoren in den Newsletter zu untersuchen, wurden wichtige Branchen der deutschen Wirtschaft identifiziert, konkreten Firmen diesen Branchen zugeordnet und die Websiten dieser Firmen daraufhin kontrolliert, ob sie und wie sie elektronische Newsletter anbieten. Die Newsletter wurden dann auf den Webseiten der Firmen bestellt, und in einer Langzeit-Analyse über sechs Monate beobachtet und ausgewertet.

Anhand einer empirischen Analyse von mehr als 50 in die Untersuchung miteinbezogenen Newslettern größerer Firmen aus Deutschland, die zum

---

[23] Vgl. Matejcek (2001) S. 196 ff.

besseren Vergleich und Verständnis in branchenbezogenen Gruppen strukturiert werden, wird geprüft, ob die Herausgeber der von deutschen Firmen versandten Newsletter diese Erfolgsfaktoren kennen, sie anwenden und inwieweit sie sie anwenden.

5.1 Newsletter von Banken und Versicherungen

Es werden folgende Firmen in unsere Analyse miteinbezogen:

1. Zürich Versicherung
2. LVM
3. Investitionsbank
4. Consors
5. R+V
6. Gothaer
7. HVB
8. Sparda
9. Postbank
10. NASPA
11. VR-Bank Aalen
12. Berliner Volksbank
13. Gerling
14. DAK
15. Noris Bank
16. Netbank
17. Berenbergbank

5.1.1 Zürich Versicherung

Der Newsletter der Zürich Versicherung für ihre österreichische Kunden macht durch eine angenehme HTML-Gestaltung mit Bildern im Layout eines Magazins rein optisch eine gute Figur. Er besteht aus einer Website, auf die der Leser kommt, nachdem er in seinem Postfach auf einen Link geklickt hat.

Er wird standardmäßig durch eine Inhaltsangabe eingeleitet. Die Inhaltsangabe ist bereits zum Anklicken gemacht. Damit der Newsletter übersichtlich bleibt, werden die Stories nur angerissen – ein weiterführender Link bringt den interessierten Lesern zum vollständigen Text.

Die Themen sind eine geschickte Mischung von Fachinformation mit werblichen Informationen. So berichtet der Newsletter über Sport und Radfahren. Diese Artikel und weitere nutzenorientierter Beiträge über Autokauf im nach Osten erweiterten Europa, über Allergien und Hilfen bei der Steuererklärung 2003 sind ohne direkten werblichen Nutzen für die Züricher. Daneber stehen Artikel, die zu Produkten der Zürich passen und in denen die Züricher ihre Kompetenz darstellen kann. Ein Gewinnspiel bildet ein interaktives Element. Die Gewinner werden mit Namen und Angabe der Stadt gelistet- nichts liest der Leser so gern wie den eigenen Namen (in der Zeitung), Die weiblichen Lesern werden sich über die Gratulation zum Muttertag im Mai-Newsletter angesprochen fühlen.

5.1.2 LVM

Der LVM Newsletter liegt auf einer website, auf die man durch Klicken kommt. Obwohl es sich um eine website handelt, macht der Newsletter optisch einen eher schlichten Eindruck.

Der LVM Newsletter hat kein Inhaltsverzeichnis. Da seine Themenzahl auf drei Themen beschränkt ist, kann der Leser auf einen Blick alles erfassen. Klicks auf die Links führen ihn weiter. Das Thema Fahrrad wird mit Tips abgehandelt. Die Themen Garten und Gesundheitsportal sind näher an den Produkten der LVM. Der in der Subheadline erhobene Anspruch, Nachrichten aus der Versicherungswelt und Verbrauchertips zu vermitteln, soll so eingelöst werden

Ein Link ermöglicht die Anmeldung zum Newsletter und die Abmeldung. Offensichtlich wurde daran gedacht, dass Abonnenten den Newsletter auch forwarden können und dass daher ein Link zur Anmeldung nicht verkehrt ist. Ein weiterer Link führt zu einem Archiv erschienener Newsletter. Links zu den „Partner vor Ort“ (Versicherungsvertreter) und „Jobs und Karriere“ kann man durchaus als nutzenorientiert ansehen.

Links und Text sind in einer graphischen Gestaltung, die sich am Layout von Zeitschriften orientiert, strukturiert dargestellt.

5.1.3 **Investitionsbank**

Der als Text verschickte Newsletter der Investitonsbank spricht im nüchternen Outfit ein gehobenes Fachpublikum an. Der fast täglich versandte Newsletter gibt eine Serie von aktuelle Terminhinweisen und Hinweise auf Fördermittel. Zum großen Teil besteht er aus hochaktuellen Artikeln der Tagespresse zu Wirtschaftsthemen. Alle Themen werden in dem Newsletter ohne Inhaltsverzeichnis nur kurz angerissen und nach Klicken auf einen Link weitergeführt. Wirtschaftsfachleute, die den Newsletter der Investitionsbank lesen, können sich die Pressemappe sparen.

5.1.4 **Consors Newsletter**

Consors bietet neben dem “Consors Neuemissionen Newsletter” zwei Newsletter an: “Cortal Consors Daily News” und “Cortal Consors Weekly”.

Der tägliche Newsletter besteht aus dem Angebot eines Finanzproduktes, das ausführlich vorgestellt wird. Als PDF-Dokument wird ein aktueller Newsletter angehängt, dessen Themen in der e-mail kurz umrissen werden.

Die Meldungen entsprechen von der Qualität den Meldungen in dem Wirtschaftsteil von Tageszeitungen. Die Themenauswahl konzentriert sich Hauptsächlich auf Firmen, die an deutschen und ausländischen Börsen eine Rolle spielen.

Der umfangreiche „Cortal Consors Weekly“ bietet Börsenübersichten mit Tops und Flops, einen Bericht über Consors Produkte und ausführliche Berichte über die Finanzmärkte durch einen Analysten an.

Nutzenorientierte Elemente sind das EM-Börsenspiel, das Musterdepot und die Empfehlungen.

Die Newsletter kann man durch ein e-mail abbestellen.

5.1.5 R+V

Der R+V Newsletter glänzt durch seine persönliche Ansprache: „Guten Tag, Frau Oswald." Es folgt ein Editorial, das das Hauptthema der Ausgabe- in unserem Beispiel Berufsunfähigkeit- kurz anreißt.

Eine Inhaltsangabe liefert neben dem Editorial weitere Information über den Inhalt. Jede Angabe ist direkt zum Anklicken. Rechtstipps und Versicherungsthemen stehen im Mittelpunkt. Ein Gewinnspiel rundet das redaktionelle Angebot ab. Die Beiträge werden strukturiert dargestellt; die nur kurz angerissene Themen leiten den Leser nach einem Klick zum vollständigen Text.

Am Schluß des Newsletters kann man den Newsletter weiterempfehlen oder abbestellen. Der Herausgeber wird extra angegeben. Viele andere Newsletter-Herausgeber scheinen von der Impressumspflicht in Deutschland noch nichts gehört zu haben.

5.1.6. Gothaer

Von den Gothaer News liegt ein Sonder-Newsletter zum Thema Fußballweltmeisterschaft 2004 vor. Die Teilnehmer können an einem Gewinnspiel teilnehmen und abgebildete Gewinne gewinnen.
Sonderausgaben bei Zeitschriften lösen besonders viel Resonanz aus. Vermutlich ist das bei elektronischen Newslettern ebenso.

Die Redaktion fordert zum Feedback auf, man kann die e-mail Adresse ändern, den Newsletter in einem anderen Format bestellen oder auch sich abmelden.

Ein Link auf ein Impressum wird außerdem angegeben.

5.1.7 HVB

Die „Immobilienmärkte aktuell“ stellen Fakten zu Immobilien in Deutschland vor, hier in dieser Ausgabe zu Frankfurt. Das einzige Thema wird kurz angerissen.

Der Newsletter enthält dann aber Links zu html-Dateien, zu pdf-Dateien und zur Möglichkeit ein kostenfreies Print-Exemplar zu bestellen. Man kann den Newsletter weiterleiten und sich abmelden. Kontakt per e-mail und Telefon wird angeboten.

5.1. 8. Sparda

Der Newsletter von Sparda besteht ausschließlich aus plumper Werbung für jeweils ein Produkt, in dieser Ausgabe für die Mastercard von Sparda. So kann man zwar einige direkte Verkaufserfolge erzielen, aber nicht das Image von Sparda langfristig festigen.
Man kann seine e-mail Adresse ändern oder die Werbe-emails von Sparda abbestellen.

5.1.9 Postbank

Der personalisierte Newsletter ist im Zeitschriften-Layout mit Bildern designt. Er hat ein Inhaltsverzeichnis. Der postgelbe Fonds nimmt das Corporate Identity der Postbank auf.

Die Werbung für neue Produkte der Postbank ist zwar dominant, aber Tipps und Ratschläge zu Steuern und Recht kommen nicht zu kurz.

Die Artikel werden nicht nur kurz angerissen, sondern auf der ersten Seite vollständig dargestellt. Die Übersichtlichkeit leider deutlich darunter. Man scrollt und scrollt...

Man kann sich per Mail und Telefon zu Fragen des Newsletters informieren. Eine Abbestellmöglichkeit gibt es in dem Newsletter nicht.

5.1.10 NASPA

Die NASPA versendet regelmäßig den Newsletter „Marktausblick“. Der Text-Newsletter beginnt mit einem Inhaltsverzeichnis.

Es werden die Entwicklungen am Rentenmarkt und Aktienmarkt dargestellt.

Die Beiträge werden nicht kurz angerissen, sondern vollständig dargestellt Das führt zum Scrollen.

Man kann den Newsletter weiterempfehlen, Themen beschränken oder den Newsletter abbestellen.

5.1.11 Newsletter VR-Bank Aalen

Der Text-Newsletter der Volksbank Aalen stellt ausschließlich Leistungen der Volksbank Aalen vor und bewirbt sie.
Es werden Anregungen zu dem Newsletter gewünscht und man kann ihn per Link wieder abbestellen.

5.1.12 Sparkasse Mittelbrandenburg

Der SonderNewsletter im HTML-Format bewirbt ausschließlich Leistungen der Sparkasse. Es wird die Seriösität der Leistungen betont :“keine kurzfristige Lockvogel-Angebote“. Der Newsletter wird nicht von der Sparkasse verschickt, sondern von Horst Biallo & Team.

Man kann sich wieder austragen lassen.

5.1.13 Gerling

Der kürzlich sanierte Gerling-Konzern bietet einen Newsletter mit „Informationen für Privatpersonen, Freiberufler und Unternehmen“, der zunächst ein Inhaltsverzeichnis präsentiert, dann die Themen kurz mit der Einleitung anreißt, die man dann in toto nach einem Klick lesen kann.
Inhaltlich sind die Newsletter dreigeteilt. Nutzenorientierte Themen wie die neue Rentenreform bietet die Rubriken „Privatpersonen“ und

„Freiberufler& Firmen“. Selbstverständlich ist aber immer ein Sachbezug zur Kompetenz der Versicherung da. „Aktuelles bei Gerling“ präsentiert Gerling und seine Produkte im günstigen Licht.

Die Leser werden aufgefordert ihre Meinung zu dem Newsletter zu sagen. Eine Veröffentlichung der Meinung wird nicht angeboten.

Man kann den Newsletter an Bekannte weiterverschicken und abmelden.

5.1.14 DAK

Die DAK Newsletter „Personalwesen“ und „Sozialversicherungen“ bringen sachliche und rechtliche Informationen über die Arbeitswelt und das Sozialrecht, z.B. durch Verweise auf Urteile höherer Gerichte in Arbeitsrechtssachen. Zielgruppe sind die Leiter der Personalabteilungen, die ja auch für den Kontakt mit der Krankenkasse zuständig sind. Durch die sachlichen Beiträge wird die Kompetenz der DAK bei den Personalleitern verstärkt.

Es gibt eine Abbestellmöglichkeit.

5.1.15 NORIS Bank

Der Newsletter der NORIS Bank ist stark auf Produkte von NORIS orientiert. Alle 4 Themen behandeln Produkte der Noris-BANK, die überwiegend werblich dargestellt werden.

Der Leser wird um die Mitteilung seiner Wünsche gebeten.
Es gibt die Möglichkeit, den Newsletter wieder abzubestellen.

5.1.16 Netbank

Ein kurzes Editorial führt den Leser ein: Beim Thema „Reisen“ heißt es: „Jetzt bekommen Sie alles von uns.“

Die Netbank stellt Ihre Angebote mit einigen Illustrationen vor. Sogar Reisen werden mit einem Partner angeboten, dazu Reiseversicherung und Kreditkarten für das bequeme Zahlen auf Reisen.

Man kann sich aus dem Verteiler wieder austragen.

5.1.17. Berenberg Bank

Der als Börsenbrief angekündigte Newsletter gibt sehr kurze Analysen zur Weltwirtschaft. Als einzige Firma wird Schering behandelt. Die Streichung von 900 Arbeitsplätzen und die Konzentration der Firma auf weniger Geschäftsbereiche reicht dem Analysten aus, eine Kaufempfehlung auszusprechen.

Vorsichtigerweise versucht der Börsenbrief sich von jeder Haftung für Fehlentscheidungen des Lesers freizuzeichnen.

Man kann den Newsletter wieder abbestellen.

5.2 Supermärkte und Kaufhäuser

Es werden folgende Unternehmen in unsere Analyse miteinbezogen:

1. Plus
2. Karstadt
3. Kaufhof
4. ALDI
5. EDEKA
6. EXTRA
7. Neckermann
8. LIDL
9. WALMART
10. TOYS “R” US
11. Schlecker
12. NORMA
13. REAL
14. DOUGLAS
15. SPORT SCHECK
16. OBI
17. Tchibo

5.2.1 Plus

Der Newsletter von Plus in HTML-Format hat große Ähnlichkeiten mit den Faltprospekten, die in den Läden von Plus ausliegen und die wohl fast jeder kennt.

Produkte werden abgebildet, kurz beschrieben und ein Preis ist angegeben. Nach dem gleichen Muster ist der Newsletter aufgebaut.

Die Newsletters scheinen aber regelmäßig nach thematischen Schwerpunkten gegliedert zu sein. Es gibt einen Art Sonder-Newsletter zum Thema „Werkzeug", in einem anderen Newsletter wird eine Produktpalette zum „Schulanfang" dargestellt.

Trotz der Einfachheit kann man dem Plus-Newsletter eine gewissen Nutzenorientierung nicht absprechen, der z.B. darin besteht, dass man darüber informiert wird, dass ein sehr preiswertes, in limitierter Auflage vorhandenes Notebook demnächst in den Plus-Laden kommt.

Darüberhinaus sind die Produkte direkt online bestellbar. Ein Rückgaberecht wird garantiert. Eine Möglichkeit den Newsletter weiterzuempfehlen und sich auszutragen, wird im Newsletter angeboten.

5.2.2 Newsletter von Karstadt

Karstadt arbeitet ähnlich wie Plus. Die häufig erscheinenden Newsletter ähneln manchmal nicht nur Prospekte, es sind Prospekte. Nicht alle Newsletter sind gleich gestaltet, einige sind personalisiert und haben auch ein Inhaltsverzeichnis.

Offensichtlich hat man bei Karstadt schon davon gehört, dass die Überschrift wichtig ist: Es werden „kleine Hobbit-Preise" bei Karstadt angekündigt, die Produkte haben aber bis auf wenige Ausnahmen nichts mit dem „Herr der Ringe“ zu tun.

Eine Möglichkeit zum Abbestellen besteht.

5.2.3 Newsletter von Kaufhof

Auch der personalisierte Newsletter von Kaufhof dient zu 100 % nur der Produktpräsentation. Die Präsentation wird teilweise an Themen aufgehängt wie z.B. der Fußball-Europameisterschaft in Portugal.

Man kann den Newsletter ummelden und abmelden.

Kaufhof bietet darüber hinaus an, Fragen per e-mail oder Telefon zu beantworten. Den Kunden werden auch afiliates-Angebote gemacht:
„Mit Ihrer E-mail oder Website Geld verdienen?“

5.2.4 Newsletter von ALDI

Über Aldi-Läden heißt es, dass Produkte schlicht aneinandergereiht werden. Die häufig erscheinenden HTML-Newsletter von ALDI sind kongenial.

Es werden in einer Rubrik links das Photo und rechts der Text gelistet. Ganz rechts unten steht in dicken Lettern der Preis.

Es besteht eine Möglichkeit, sich abzumelden.

5.2.5 Newsletter von EDEKA

Der Text-Newsletter von EDEKA berichtet von Ereignissen, Aktionen und stellt ein Gewinnspiel vor. Danach werden einzelne Produkte mit Argumenten empfohlen.

Der Newsletter erscheint monatlich. Eine Möglichkeit zur Abbestellung wird angeboten.

5.2.6 Newsletter von Extra

Der Extra Themen Newsletter dreht sich immer um ein Thema , hier um die Fußball-Weltmeisterschaft. Ein Gewinspiel wird vorgestellt. Es werden links zur Extra-Seite gesetzt. Es fehlt jeglche Werbung für ein Produkt.

Eine Möglichkeit zum An- und Abmelden wird angeboten.

5.2.7 Newsletter von Neckermann

Der personalisierte Newsletter von Neckermann hat ein Inhaltsverzeichnis.

Er wirkt aber im Großen und Ganzen wie ein Prospekt. Die Ähnlichkeit zum Newsletter von Karstadt ist nicht zu übersehen.

In der Überschrift wird der Begriff „Coole Schnäppchen“ verwendet, was ja recht pfiffig klingt. Leider sind „Schnäppchen“ für Anti-Spam-Programme ein gefundenes Fressen, so dass ein beträchtlicher Teil der potentiellen Empfängern diesen Newsletter nie sehen wird.

5.2.8 Newsletter von LIDL

Der LIDL-Newsletter wartet mit einer besonderen Form der Personalisierung auf: Er gibt die bevorzugte Filiale an. Offensichtlich wurde hier mit einem Programm die Adress-Daten des Empfängers ausgewertet. Bei einer solchen Form von Personalisierung beschleicht einen leicht ein ungutes Gefühl: „Big Brother is watching your!“

Manche sagen LIDL eine Verwandschaft zu ALDI nach. Der Newsletter mit den Angeboten von heute könnte den gleichen Graphiker wie der ALDI-Newsletter haben. Links Photo, rechts Text, nur der Preis fehlt. Hat LIDL hier etwas zu verstecken oder möchte man diskret(er) sein? Es wird im LIDL-Newsletter Aktionsware angeboten, nicht Waren aus dem Standardsortiment.

Es besteht die Möglichkeit, die Anmeldedaten einzusehen und sich abzumelden.

5.2.9 Newsletter von WalMart

Der HTML-Newsletter von Walmart besteht überwiegend aus Text:
Eine Aneinander-Reihung von Produktbeschreibungen mit Preisen. Er ähnelt nicht so sehr Prospekten, sondern mehr den Anzeigen von Supermärkten in Tageszeitungen.

Verwunderlich ist, dass ein US-Anbieter auf dem deutschen Markt nicht das Knowhow der amerikanischen Newsletter-Autoren vorweist, sondern den Standard der deutschen Newsletter noch unterbietet.

Es gibt eine Möglichkeit, sich auszutragen

5.2.10 TOYS R US

Der Newsletter von TOYS “R” US arbeitet themenspezifisch. Das Ziel dieser Ausgabe ist es Produkte zum Film „Shrek 2“ zu verkaufen. Diese Art des Merchandising ist in der Spielwarenindustrie durchaus üblich, z.B. werden zu den Power Ranger-Filmen im Spielwarenhandel die Power-Ranger-Figuren angeboten, die auch in TV Spots beworben werden.

Der Untertitel des Newsletters heißt „Die kleine Kinder große Kinderwelt“, aber offensichtlich richtet sich der Newsletter nicht an die Kinder, sondern an die Eltern. Aber auch schon die werden mit der Unmenge Anglizismen ihre Probleme haben :“Making-Offs“,“location“, „Multiplayer-Action“ etc.
Daß die Zielgruppe nicht die Kinder sind, kann man noch nachvollziehen: Kinder nutzen das Internet noch nicht so intensiv wie Jugendliche und

Erwachsene. Die Anglizismen dürften aber auch bei einer erwachsenen Zielgruppe eher kontrapoduktiv sein. Die Produktbeschreibungen mit Bild und Preis –in unserem Beispiel von Spielen- sind dagegen nutzenorientiert.

Der Newsletter bietet eine Möglichkeit, sich auszutragen.

5.2.11 Schlecker

Schlecker hat bekanntlich ja eine Kundenzeitschrift in seinen Läden ausliegen. Der Newsletter orientiert sich aber nicht an der Kundenzeitschrift, sondern ist eher wie ein Prospekt angelegt: Bild, Beschreibung und Preis.

Ein link ermöglicht die sofortige online Bestellung. Betont wird, dass die Produkte gratis zugestellt werden, was ja im Versandhandel nicht immer üblich ist.

Die Kunden werden auch mit Gratis-Leistungen gelockt: Besteller von Meister Proper erhalten den „Meister Proper Truck“, ein Spielzeug für die Kinder. Der Erfolg von „kostenlos.de“ zeigt, dass dies im Internet durchaus ein wirksamer Weg ist, Kunden zu interessieren und zu gewinnen.

Damit ist der Newsletter mehr als ein Newsletter, er wird zum electronic Shop, der virtuell die realen Schlecker-Läden ergänzt.

Weiterempfehlung, Abmeldung und Formatänderung (von HTML zu Text und umgekehrt) werden angeboten.

5.2.12 NORMA

NORMA präsentiert im Newsletter Sonderangebote mit Bild, Beschreibung und Preis. Der Preis wird wie im Laden als durchgestrichener Normalpreis und als Aktionspreis dargestellt. Zusätzlich wird die Preissenkung noch mathematisch mit Prozentsätzen dargestellt: „24 % billiger“

Geschickt ist der Hinweis, dass in norma-online.de noch mehr Angebote zu finden sind.

Es besteht die Möglichkeit, sich abzumelden.

5.2.13 REAL

Der Real-Themen-Newsletter behandelt in jeder Ausgabe ein Thema, hier „Schnelle Snacks zur Fußball-EM".

Es werden jetzt nicht Produkte aus REAL aufgelistet, sondern Rezepte vorgestellt, z.B. die Knoblauchsuppe Lissabon. Die dazugehörigen Bilder lassen einen schon das Wasser im Mund zusammenlaufen.

Rezepte sind wie andere Tips hoch-nutzenorientierte journalistische Formen. REAL versucht die Herzen und Köpfe der Hausfrauen zu erobern.

Die Abmeldemöglichkeit und die Bestellmöglichkeit für den Angebote-Newsletter runden den Real-Newsletter ab.

5.2.14 Douglas

Ein kurzer Editorial eröffnet den Newsletter, der dann schnell Sonder-Angebote aneinanderreiht, die man sofort bestellen kann. Link-Möglichkeiten führen zu weiteren Angeboten.

Geschenk und Rechnung werden auf Wunsch getrennt versendet.
Ab 25 EURO ist der Versand kostenfrei.

Ab 40 EURO Warenwert gibt es eine Warenprobe von Estee Lauder dazu.
Man arbeitet virtuell genauso wie im Laden.

Zusammen mit T-Online werden 10 Digitalkameras verlost.
Der Shop bietet kostenfreie digitale Grußkarten an, ein interaktives Element.

Es besteht die Möglichkeit, den Newsletter abzubestellen.

5.2.15 SPORTSCHECK

Der Newsletter arbeitet minimalistisch: Ein kurzes Editoral, ein Paar Produkte, ein Quiz und Tippspiele zur EM und eine verloste Reise zur Olympia ist der ganze Inhalt.

Wir wissen, dass man den Leser von Newslettern nicht mit zu langen Newslettern überfordern sollte. Diesen Gedanken hat SPORTSCHECK voll verinnerlicht.

Es gibt ein Link mit der Möglichkeit abzubestellen, der „Bitte Abbestellen" genannt wird. Aus der Kritik an fehlender Abbestellmöglichkeit muß man als Newsletter-Macher nicht unbedingt schlussfolgern, dass man seine Leser quasi zum Abbestellen auffordert.

5.2.16 OBI

Der OBI-Newsletter beginnt mit einem kurzen Editorial. Anschließend werden unter anderem Produkte beschrieben.

Einige Produkte bekommt man nur im Geschäft, einige kann man direkt online bestellen.

Auffallend sind die vielen nutzenorientierte Element in einem kurzem Text:
a)Reisegutschein
b) Coupon
3) Gewinnspiel
4) OBI-Sicherheits-Check
5) 99 Verwöhnwochenenden bei Maritim.

Der Leser soll offensichtlich den Eindruck gewinnen, dass er unmittelbar etwas davon hat, wenn er den Newsletter durchliest.

Man kann den Newsletter abbestellen und per e-mail direkt Kontakt mit OBI aufnehmen.

5.2.17 TCHIBO

Der Kaffee-Röster hat in den letzten Jahren dadurch Furore gemacht, dass er in seinen Geschäften nahezu alles anbot- vom Geschirr über Schmuck bis zum Auto.

Das kurze Editorial lockt mit Prozenten und heruntergesetzten Preisen: „Kommen Sie schnell, bevor alles weg ist".

Der Newsletter ist themenorientiert. Diesmal wird unter dem Stichwort „Bettgeflüster" Bettwäsche angeboten. Zusätzlich werden noch 10 verschiedene Kreuzfahrten angeboten –gleich nach einem Gewinnspiel für ein Notebook, was den wohl nicht unerwünschten Eindruck erweckt, dass evt. die Kreuzfahrten auch verlost werden.

Mann kann den Newsletter weiterempfehlen, abbestellen und das Thema der nächsten Woche bereits in einem Link abrufen.

5.3 Telekommunikation und Softwarefirmen

1.IBM
2.DEBITEL
3.abas-Business-Software
4.Teledata
5. Nokia
6. SAP
7.T-mobile
8.T-online
9.Talkline
10. e-plus

5.3.1 IBM

Die IBM e News erscheinen monatlich. Ein kleines Editoral leitet den Newsletter ein. Die Themen werden nur angerissen und dann weitergeführt, wenn man auf einen Link klickt.

Alle Themen drehen sich um Ereignisse, Produkte oder Dienstleistungen, die mit IBM zu tun haben. Aber IBM ist in so vielen Bereichen engagiert, dass es etwas zu sagen gibt, ohne in plumbe Werbung zu verfallen.

Der Newsletter umfasst ausgedruckt 15 Seiten und gehört damit zu den längsten, die wir hier vorstellen.

Man kann sich wieder abmelden und wird zu Feedback aufgefordert.

5.3.2 DEBITEL

Der sehr kurze Debitel-Newsletter hat „webmiles" zum Thema. Nach der Abschaffung des Rabattgesetzes kann jetzt problemlos mit Argumenten geworben werden, die sich die Lufthansa-Meilen zum Vorbild nehmen.

2000 Prämien warten auf den Debitel-Kunden, der webmiles sammelt.

Es gibt keine Möglichkeit, den Newsletter im Newsletter wieder abzubestellen.

5.3.3 ABAS Software AG

Der Linux-Distributor Abas Software AG eröffnet den Newsletter mit einem Inhaltsverzeichnis, in dem eine Vorschau auf die nächste Ausgabe und ein Impressum nicht fehlt.

Es werden die Themen angerissen und dann nach einem Klick auf einen Link weitergeführt. Es geht immer um Produkte, Dienstleistungen oder Aktivitäten von ABAS. Weiterführende Links auf neutrale Angebote werden offeriert.

Stark nutzenorientiert sind die Berichte über Tagungen, die Termine der Kundenschulungen und die Stellenanzeigen.

Feedback wird angeregt, es gibt ein Archiv älterer Newsletter, man kann den Newsletter bestellen und abbestellen.

5.3.4 IS.Teledata

Der Newsletter wird auf der website von IS-Teledata angeboten und kann direkt ausgedruckt werden. Er ist im Magazinformat gestaltet- mit professionellem Layout und einigen Bildern.

Die Firma wirbt dezent mit Fallstudien und Beispielen. Es werden in Berichten Lösungen für Probleme und Lösungen für Firmen dargestellt - wie z.B. den Fondsvertrieb von Robeco, der durch einen Beratungssoftware in Zusammenarbeit mit S & P gestützt wird.

5.3.5 Nokia

Der Nokia-Newsletter beginnt mit einem Inhaltsverzeichnis.
Alle Inhalte drehen sich um Produkte und Dienstleistungen von Nokia. Die Themen werden nur kurz angerissen und nach einem Klick auf einen Link ausführlich dargestellt.

Unter Service-Informationen werden grundsätzliche Fragen zum Thema Mobilfunk geklärt. Es „bleibt keine Wissenslücke offen“, verspricht Nokia.

Nokia fordert ausdrücklich zum Kontakt auf.

5.3.6 SAP

Der englische Newsletter beginnt mit einem Inhaltsverzeichnis, das sich bei jeder Ausgabe so gliedert:

1. News & Events
2. Business Spotlight
3. Technical Spotlight
4. Webcast

Das Inhaltsverzeichnis wird in jeder Ausgabe von einem kurzen Editorial gefolgt.

Es geht ausschließlich um SAP-Software. Beim vierten Thema jeder Ausgabe, hier z.B. dem mySAP Supplier Relationship Management, wird dem Leser ein „Webcast“ angeboten.

Links zur SAP-Seite, eine Möglichkeit SAP zu kontaktieren, die Möglichkeit einem Freund den Brief zu empfehlen und die Möglichkeit den Newsletter abzubestellen, runden das redaktionelle Angebot ab.

5.3.7 T-Mobile

Der Presse-Newsletter von T-Mobile beginnt mit einem kurzen Inhaltsverzeichnis, das sich allerdings graphisch kaum von dem folgenden Text absetzt.

Die Themen werden dann in einzelnen Abschnitten kurz abgehandelt, hier z.B. Tarife für Geschäftskunden.

Den Journalisten wird Bildmaterial und ein Link für weitere Pressemitteilungen angeboten.

Der Newsletter ist abbestellbar.

Der Newsletter „KundenNews" kennt ein nichtssagendes Editorial von zwei Sätzen. Es wird gefolgt von kurz angerissenen Themen, die nach Anklicken weitergeführt werden.

Es geht immer um Produkte und Dienstleistungen von T-Mobile.

Der Leser kann den Newsletter weiterempfehlen und sich abmelden.

5.3.8 T-Online

Der Newsletter „onWirtschaft" von T-Online reißt Themen an und führt sie dann nach Anklicken weiter.

Themen sind z.B. volkswirtschaftlicher Natur wie die Krankenkassen und hauptsächlich die Börse.

Charts stellen z.B. die Entwicklung des DAX, Nikkei und Dow Jones vor.

Weitere nutzenorientierte Elemente sind z.B. der Zwangsversteigerungskalender von Argetra , Listen über Tops und Flops sowie Unternehmens-Termine (Pressekonferenzen und Hauptversammlungen).

Der Leser kann sich abmelden und auch zur Startseite von T-Online gehen.

5.3.9 TALKLINE

Ein wenig aussagekräftiges Editorial aus zwei Sätzen leitet einen „Supersparletter" genannten Newsletter ein, der aus zwei großen Anzeigen und drei Produktvorstellungen mit Bild sowie drei Artikeln besteht. Die Textbeiträge werden kurz auf der 1. Seite angerissen und dann nach einem Mausklick weitergeführt.

Die Produkte von Talkline stehen auch in den Textbeiträgen im Vordergrund.

Die Sprache und die Ansprache des Lesers ist werblicher Art: „Mehr SMS fürs Geld gibt es nirgendwo." Das ist ein klassischer Alleinstellungsanspruch, der vermutlich einer juristischen Prüfung nicht standhalten würde.

Links führen zu talkline.de und zum Onlineshop. Man kann den „Superspar-Letter" weiterempfehlen und auch abbestellen.

5.3.10 e-plus

Der Newsletter beginnt mit einem Editorial und einem Inhaltsverzeichnis. Die einzelnen Artikel werden dann angerissen. Mit 10 Seiten (ohne die Weiterführungen der Texte) gehört dieser Newsletter zu den umfangreichen.

Ein Teil der Themen behandelt mehr allgemeinere Informationen,

Zum Beispiel wird eine Studie vorgestellt, die nachweist, dass Jugendliche das Handy dem Festnetzanschluß vorziehen. Andere Themen sind näher bei Produkten und Dienstleistungen von e-plus.

Die Fußballeuropa-Meisterschaft und die Olympischen Spiele dienen als aktueller Aufhänger für Leistungen von e-plus.

Der Kunde kann Kontakt mit e-plus aufnehmen, seine Daten ändern, de Newsletter weiterempfehlen und sich abmelden.

Eine genaue Adressenangabe soll die Impressums-Pflicht erfüllen, ein Verantwortlicher Redakteur wird allerdings nicht genannt.

5.4 Autoindustrie u.ä.

1. Renault
2. BMW
3. SEAT
4. Volkswagen
5. Peugeot
6. Opel
7. FIAT
8. SIXT
9. ADAC
10. ARAL

5.4.1 Renault

Der personalisierte Newsletter von Renault eröffnet mit einem winzigen Editorial.

Ein bebildertes Inhaltsverzeichnis lockt den Leser zum Lesen der Themen, die man durch einen Link erreichen kann. Alle Themen sind Renault-bezogen, aber nicht alle Themen handeln von Produkten. Die EU-

Erweiterung wird z.B. diskutiert, aber natürlich anhand von Aktivitäten der Firma Renault in Osteuropa.

Als interaktives Element kann man die Einladung zu Probefahrten bezeichnen. Laut Fernsehberichten gehen die Autohändler mit diesen Probefahrten sehr großzügig um – ein Wochenendtrip ist möglich.

Auch Gewinnspiele sind in dem Newsletter üblich- ein weiteres interaktives Element.

Es werden ebenfalls Renault-bezogene Veranstaltungen oder Veranstaltungen, bei denen Renault nur als Sponsor auftritt, angekündigt. Veranstaltungstips sind ein nutzenorientiertes Element.

Zum Schluß des Newsletters heißt es „Das Online-Team von Renault.de Bedankt sich für Ihre Treue“. Auch wenn solche Danksagungen quasi professionell gegeben sind -und mithin wenig ehrlich sein mögen- verfehlt so ein emotionales Element mit Sicherheit bei vielen Lesern nicht seine Wirkung.

Der Newsletter lässt sich abbestellen, indem man einem Link folgt.

5.4.2 BMW

Der personalisierte Newsletter von BMW kennt ein kurzes Editorial, in dem wichtige Themen hervorgehoben werden

Es gibt kein Inhaltsverzeichnis: Man steigt sofort in „media res“ mit Artikeln, die der Reihe nach ausführlich dargestellt werden.

Ein Gros der Artikeln handelt von BMW-Modellen, die auch mit Bild vorgestellt werden. Ergänzt werden diese Produkt-orientierte Beiträge durch ein Gewinnspiel und durch die Berichterstattung über Ereignisse, an denen BMW mittelbar oder unmittelbar beteiligt ist, z.B. wie hier die

„Kieler Wochen“ oder das „Deutsche Derby“, die BMW als Sponsor unterstützt oder ein Rennen auf dem Hockenheim.

Der Newsletter kennt zum Schluß Links mit „empfehlen“, „anmelden“, „ummelden“ und „abmelden“ und einen Link zur BMW-Website bmw.de.

5.4.3 SEAT

Der Newsletter besitzt ein kurzes Editorial.

Ein Inhaltsverzeichnis fehlt. Die Themen werden mit Bild kurz angerissen und können dann nach Mausklick ausführlich gelesen werden.

Als interaktives Element wird das Versenden einer elektronischen Postkarte angeboten. Außerdem kann der User einen Film und TV-Spots abrufen. Der Newsletter schöpft also auch die audiovisuellen Möglichkeiten voll aus.

Man kann seinen persönlichen Daten ändern, den Newsletter verwalten und wieder abbestellen.

5.4.4 VW

Der personalisierte Newsletter eröffnet mit einem kurzen Inhaltsverzeichnis, dem ein kurzes Editorial folgt.

Die Themen werden dann mit Bild kurz angerissen und können ausführlich nach einem Mausklick gelesen werden.

Als erstes Thema wird ein Gewinnspiel zum „Sharan Goal“ vorgestellt.
Zu diesem Gewinnspiel gibt es übrigens auch ein Sonder-Newsletter.

Der Newsletter bietet als Nutzenelement einen Routenplaner an, den man auch als interaktives Element sehen kann.

Ein Bericht wurde direkt aus „auto motor sport“ übernommen. Werbung ist wenn man selbst von sich gut spricht, Public relations ist wenn andere gut über einen sprechen. „Auto motor sport“ zum Kronzeugen für die Qualität des Golf zu machen, ist sicherlich geschickt: „Auto motor sport“ und 15 Partnermagazine setzten den Golf nach Analyse von 3000 Daten auf Platz 1 der Gesamtwertung.

Es gibt Links zu volkswagen.de und zum Abbestellen des Newsletters.

5.4.5 Peugeot

Der personalisierte Newsletter eröffnet mit einem ausführlichen Editorial, das auch ein Inhaltsverzeichnis enthält.

Alle Beiträge werden ausführlich dargestellt, mit gelegentlichen Links auf peugeot.de zur Vertiefung. Die Beiträge sind ausschließlich Peugeot-bezogen.

Peugeot weist auf seinen Beitrag zum Umweltschutz hin, stellt Modelle vor und Garantieleistungen.

Unter „Events & Aktionen“ wird z.B. als ein interaktives Element das Computerspiel „Online Spiel Peugeot Game Box“ vorgestellt, bei dem man ein Abendessen gewinnen kann.

Man kann den Newsletter abbestellen, die Daten ändern und Mitteilungen an die Redaktion verfassen. Am Ende des Newsletters steht die komplette Postadresse von Peugeot.

5.4.6 Opel

Der personalisierte Newsletter von Opel arbeitet sehr stark mit Bildern von Opel-Modellen.

Ein kurzes Editorial ist das Entree. Es folgen Modellvorstellungen mit Bild und Links auf weiteren Informationen.

Als nutzenorientiertes Element kann man die Test-Berichte betrachten, die aber hier von Opel selbst verfasst werden und nicht wie bei Volkswagen von einer neutralen Redaktion stammen.

Es werden Probefahrten angeboten und eine Datei, mit der man den Händler vor Ort finden kann.

Ein Nutzenelement ist sicherlich auch die Opel Auto Börse, auf der man gebrauchte Opel kaufen kann.

Im „persönlichen Bereich“ kann man den Newsletter wieder abbestellen.

Opel hat auch Newsletter zu einzelnen Marken im Angebot: z.B. den Astra Newsletter und den Tigra Newsletter. Naturgemäß stehen diese Modelle im Mittelpunkt der Newsletter, sie werden mit Bildern vorgestellt, die man bereits aus Anzeigen und Spots des Autoherstellers kennt.

5.4.7 Fiat

Ein kurzes Inhaltsverzeichnis leitet den Fiat Newsletter ein.
Viele Bilder von Automodellen geben dem Newsletter seinen optischen Pep.

Wie VW berichtet man auch über Auszeichnungen durch Dritte. So sei Der Fiat Panda zum „Auto des Jahres 2004“ gewählt worden und auch zum „Budget car“ durch die englische Fachzeitschrift „Top Gear Magazine“ gekürt worden.

Zum Abschluß des Newsletters steht ein Gewinnspiel, das es allerdings nicht im Newsletter selbst, sondern nur bei den Fiat-Händler gibt, die man besuchen kann. Es werden ausdrücklich Probefahrten angeboten.

Der Newsletter lässt sich nach einem Mausklick wieder abbestellen.

5.4. 8 Sixt

Der alle 14 Tage erscheinende Newsletter von Sixt zeigt die Dienstleistungspalette von Sixt rund ums Auto und Reisen.

Der Newsletter kennt kein Inhaltsverzeichnis. Aber die Artikel werden kurz angerissen und lassen sich nach einem Mausklick gründlicher studieren. Zumeist sind sie mit Automodellen bebildert.

Der Newsletter lässt sich wieder abbestellen.

5.4.9 ADAC

Der personalisierte Newsletter vom ADAC ist nur Mitgliedern zugänglich- genauso wie wichtige Teile der ADAC-Website.

Im Editorial werden wichtige Themen vorgestellt. Ein Inhaltsverzeichnis ist in das Editorial integriert.

Die Themen werden kurz angerissen und man kann sie nach einem Mausklick in Gänze lesen.

Im Mittelpunkt steht das Auto und das Reisen. Der von „auto motor sport“ gelobte Golf ist auch im Crash-Test des ADAC erfolgreich. Die Auto-Tests des ADAC oder Tests wie der über Motorrad-Helme, die man auch aus seiner Mitglieder-Zeitung kennt, sind mit Sicherheit ein nutzenorientiertes Element.

Nutzenorientiert sind auch Rechtsratschläge, die man dem Bericht über das Handyverbot ohne Freisprechanlage in fast allen Ländern Europas, entnehmen kann.

Urlaubsthemen werden unter so witzigen Titeln wie „Fahrt durch die Tauern kann dauern“ abgehandelt.

Der ADAC versucht auch mit Hilfe des Newsletters durch einen Link auf den ADAC-Shop im redaktionellen Teil und durch Vorstellungen von

Dienstleistungen des ADAC direkt zu verkaufen, aber diese Themen überwiegen nicht.

Man kann zum Schluß weiterempfehlen, Profil ändern, abbestellen, Kontakt aufnehmen und ein Blick in das Impressum werfen.

5.4.10 Aral

Aral eröffnet sein kurzes Editorial mit der Werbung für die Kraftstoffe ultimate 100 und ultimate Diesel, über die der ADAC sagt, dass die mögliche Leistungssteigerung in keinem Verhältnis zu dem höheren Preis steht.

Einer der Hauptartikel dreht sich um diese neuen Kraftstoffe.

Es folgen nutzenorientierte Elemente, wie Tips zur Reiseplanung, Prämien-Sammelaktion, Fotowettbewerb, Los-Aktion, Schnäppchen-Angebote, Gewinnspiel zur Fußballeuropa-Meisterschaft, Gewinnspiel zur Deutschland-Rallye, Hilfe bei den neuen Führerschein-Theorie-Fragebögen und anderes mehr.

Der Newsletter lässt sich verwalten, abbestellen und man kann auch Kontakt aufnehmen.

Siehe Anhang:
Tabelle mit Bewertungen der Newsletter

6 Bewertung und Empfehlungen

6.1 Festgestellte Situation des Newsletter-Marketing in Deutschland

Die Studie hat gezeigt, dass viele Firmen Newsletter geschickt zur Bindung und Information i hrer Kunden einsetzen. Die Ansätze sind höchst unterschiedlich. Während Banken und Versicherungen mit oft neutralen

Informationen indirekt der Weg zum Kunden suchen, kommen ALDI und PLUS gleich zum Punkt: es herrscht die unmittelbare Produktpräsentation vor. Beides kann erfolgreich sein, wenn es zielgruppengerecht und nutzenorientiert gemacht wird.

Die Schlaghäufigkeit ist bei manchen Anbietern sehr groß: Consors hat einen täglichen und einen wöchentlichen Newsletter. Manche dieser Newsletters aus dem Banken- und Versicherungsbereich erspart die Lektüre des Wirtschaftsteils der Tageszeitung oder ergänzt sie zumindest hervorragend.

Die Firmen, die Newsletter einsetzen, sind eine Minderheit in Deutschland. Während in den USA der Versand von Newsletter ein Milliarden-Markt darstellt (2,8 Milliarden US-Dollar laut absolit.de) ist Deutschland davon weit entfernt. Der Einsatz von Newsletter ist braunchenspezifisch unterschiedlich. Zum Beispiel haben Banken und Versicherungen sowie Supermärkte die Möglichkeiten des Newsletters erkannt. Während die Auto-Industrie –obwohl es sich hier um ausschließlich werbungsintensive Konzerne handelt- bisher dieses Instrument, um Kunden zu gewinnen, vernachlässigt Hier spielen die traditionellen Kunden-Zeitschriften, die zum Teil personalisiert für den Autohändler angeboten werden, eine weitaus größere Rolle.

Selbst die Telekommunikations-Branche, die ja quasi eine natürliche Beziehung zu e-mail haben sollte, steht paradoxerweise diesem Instrument in Deutschland anscheinend noch reserviert gegenüber.

Zu den großen Firmen, die auf Ihrer website keine Newsletter anbieten, gehören beispielsweise:

1. Mercedes
2. Onko
3. Unilever
4. Nissan
5. Rover
6. Mitsubishi

7. Pepsi
8. Coca-Cola
9. Procter & Gamble
10. Panasonic
11. Cisco

Selbst Linux, das technische Lösungen für e-mail anbietet, hat keinen Newsletter.

Bei vielen Firmen werden die Newsletters nur versteckt auf den Webseiten angeboten. Oft muß man Suchmaschinen für die Seiten des Herausgebers benützen, um auf den Newsletter zu stossen. Sehr oft muß man von der Hauptseite auf „Kontakt" klicken, um das Newsletter-Angebot zu sehen. Dies erscheint keineswegs zwangsläufig logisch: Unter „Kontakt" erwartet der Besucher eine Möglichkeit, wie er mit dem Inhaber der website in Kontakt treten kann, nicht die Möglichkeit, dass das jeweilige Unternehmen mit ihm – wie auch immer- in Kontakt tritt.

Viele Firmen machen das Bestellen des Newsletters relativ einfach. Andere bauen auch hier tatsächlich große Hürden auf. Das Bestellen der Newsletter von –beispielsweise- Microsoft ist so kompliziert, dass viele Nutzer davon Abstand nehmen werden.

Einige Unternehmen bieten Newsletter an, aber verschicken tatsächlich keine.

Dazu gehören folgende illustre Namen:

1. Porsche
2. Ford
3. Volvo
4. Audi
5. Langnese

Damit trägt das Newsletter-Angebot zu kontraproduktiven Effekten bei: Es ist eine Form von Anti-Marketing. Interessenten, die bestellen, und nichts bekommen, werden die Kompetenz dieser Firmen evt. nicht nur auf dem Gebiet der Kommunikation bezweifeln, sondern wahrscheinlich ihre schlechten Gefühle, Assoziationen und Konnotationen auch auf die Kern-Kompetenz dieser Firmen - deren Dienstleistungen und Produkte- übertragen.

Fast alle Anbieter von Newsletter haben einen Link zu „Newsletter abbestellen“ in ihrem Newsletter, manche sogar auf ihrer Webseite. Es ist damit aber nicht gewährleistet, dass der Newsletter auch tatsächlich nicht mehr ins Postfach geliefert wird, wenn der Empfänger die notwendigen Schritte zur Abbestellung unternommen hat. So wissen wir, dass ein Newsletter von Tchibo einfach nicht abbestellbar ist.

6.2 Empfehlungen

6.2.1 Anmeldung

Die Unternehmen sollten das Anmeldeformular für den Newsletter auf ihrer Website nicht verstecken oder den Newsletter nur an bereits bestehende Kunden schicken. Wer einen Newsletter anbietet, sollte ihn auf seiner Website auch ansprechend bewerben. Das Anmeldeformular sollte in die Navigationsleiste als eigener Menü-Punkt integriert werden und sich nicht hinter anderen vieldeutigen Menü-Punkten verbergen , so dass Besucher nach einem Klick ihre Daten eingeben können. Alternativ dazu könnte ein Anmeldefeld gleich auf der Hauptseite eingerichtet sein. Eine Überschrift „Newsletter anmelden“ und ein Feld für die e-mail Adresse würden die Hauptseite platzmäßig nicht zu sehr beanspruchen. Nützlich ist es auch den Newsletter mit Grafiken wie z.B. einem Button „Newsletter bestellen!“ oder Bannern auf der Hauptseite und den jeweiligen Unterseiten zu bewerben.

Bei der Anmeldung sollten nur notwendige Daten erhoben werden. So z.B. Name und e-mail Adresse. Je einfacher die Anmeldung ist, desto mehr User melden sich an.

Es ist ratsam, besonders wenn mehr Daten erhoben werden, mit einer SSL-Verschlüsselung zu arbeiten. Damit wird das Vertrauen in das Unternehmen und in seinen Umgang mit vielleicht doch sensiblen Daten gestärkt.

Die Studie von Prof. Gündling hat ergeben, dass mehr als ein Drittel der Abonnenten (37,42 %) eines Newsletters das sogenannte „Double-opt-in"-Verfahren zur Anmeldung vorziehen.

Bei diesem Verfahren erhält der Interessent nach seiner Anmeldung auf der Homepage, eine Bestätigungsmail und muss auf einen Link zur Bestätigung klicken und manchmal auch einen Anmeldecode eingeben. Das ist auch da Verfahren, das die Fachwelt immer wieder aus Sicherheitsgründen empfiehlt. 61,95 % der Befragten bevorzugen jedoch einfachere Wege : 14,69 % das unsichere des Single-Opt-In und 47,26 % das ebenfalls wenig sichere Confirmed-Opt-In-Verfahren. [24]

Die Unternehmen haben die Tendenz nicht einmal den bescheidenen Sicherheitserwartungen der user zu entsprechen: : Fast die Hälfte der Unternehmen (46,2 %) bieten ihren Interessenten das Single-Opt-In Verfahren an; nur noch 34,6 % das Confirmed-Opt-In und nur 19,2 % das sichere Double-Opt-In.

Unternehmen sollten sich für das Double-Opt-In Verfahren entscheiden. Es verhindert Spam durch „Laus-Buben-Streiche" (Anmeldung von Newsletter mit fremder e-mail–Adressen), stärkt das Vertrauen in das Unternehmen und erspart ihnen Vorwürfe wegen mangelnder Seriosität.

Vertrauensstärkend ist auch, wenn bei der Anmeldung die Prozedur der Kündigung erläutert wird. So muß der User von vorneherein nicht befürchten, dass sein e-mail Konto durch Newsletter vollläuft, die er nicht

---

[24] Christian Gündling „Erfogsfaktoren für Online-Newsletter"

mehr lesen will . Das Darstellen der Abmelde-Prozedur erhöht die Chance der Unternehmen, dass Newsletter bestellt werden.

6.2.2 Zielgruppenansprache

Vielen Firmen, die Newsletter herausgeben, scheint nicht bewußt zu sein, dass die richtige Zielgruppen-Ansprache und Zielgruppen-Auswahl bereits bei der Anmeldung stattfindet.

Für Newsletter aus dem Bereich B2B bietet es sich an, den Empfängerkreis zunächst von den Funktionen her einzugrenzen.
Prof. Gündling schreibt:

„Einkäufer haben zum Beispiel andere Informationsbedürfnisse als Mitarbeiter aus der Produktion; und diese wiederum haben andere Informationsbedürfnisse als die Geschäftsleitung. Bei den untersuchten Newslettern konnte nur in einem einzigen Fall auf der Homepage ein Hinweis gefunden werden, an wen sich der Newsletter richtet. Dies ist umso bedeutender wenn man bedenkt, dass tatsächlich 88,5 % der Unternehmen für ihren Newsletter zumindest in der strategischen Ausrichtung eine oder mehrere Empfängergruppen genau definiert haben wollen. Diesem Anspruch werden die Unternehmen in der konkreten Umsetzung dann jedoch nicht mehr gerecht.“[25]

Bei der Anmeldung zu einem Newsletter sollte bei Newslettern mit allen Arten von Zielgruppen eine ausführliche Beschreibung der zu erwartenden Inhalte erfolgen. Die Inhalte eines Newsletters werden immer nur für eine bestimmte Zielgruppe interessant sein. Die Unternehmen sollten schon bei der Anmeldung dem potentiellen Leser genauestes erklären, welche Inhalte und welche Vorteile ganz bestimmte Empfängergruppen von einem Abonnement des Newsletters erwarten dürfen. Die Erklärung des Nutzens nützt dem Unternehmen: Es werden mehr User bestellen und mehr von der richtigen Zielgruppe. Die User ersparen sich Zeitverschwendung, weil sie nichts Uninteressantes bestellen.

6.2.3. Inhalt

Die Unternehmen sollte sich mehr darauf konzentrieren, dass ihr Newsletter auch tatsächlich gelesen wird.

Wie kommt der Newsletter konkret im Postfach an? Absender und „Betreff" entscheiden mit darüber, ob ein Newsletter überhaupt geöffnet wird.

Nico Zorn schreibt:
„Neben dem Betreff sortieren viele Anwender ihre Emails auch anhand des Absenders: Welche Absender sind bekannt, bei welchen Emails handelt es sich um Spam? Eine kryptische Absenderadresse wie serverlist@Newsletterservicexy.de erschwert dem Abonnenten die Zuordnung und kann dazu führen, dass die Email erst gar nicht geöffnet, sondern direkt gelöscht wird."[26]

Man kann den Firmennamen als Absender angeben. Falls eine Emailadresse als Absender angegeben wird, sollte sie möglichst Newsletter@unternehmensdomain lauten.

Es spricht nichts grundsätzlich dagegen, den Versand des Newsletters an eine qualifizierte Fremdfirma auszulagern. Dabei ist zu beachten, dass diese Fremdfirma diese Grundsätze über die Absenderangabe einhalten kann bzw. einhält.

Mit dem richtigen „Betreff" fällt oft die Entscheidung darüber, ob ein Newsletter auch gelesen wird. Die meisten e-mail-Konten-Besitzer werfen einen kurzen Blick auf die die „Betreffs" und entscheiden dann, welche Mails sie öffnen und welche sie löschen. Trotzdem heißen viele

---

[25] Christian Gündling „Erfolgsfaktoren für E-mail-Newsletter im B2B"
[26] Nico Zorn „Die häufigsten Fehler beim e-mail-Marketing"

Newsletter „Newsletter", „Newsletter der Firma XY", „Newsletter 22/ 04" oder ähnlich. „Betreffs“ dieser Art verführen nicht dazu, e-mails zu öffnen. Newsletter-Herausgeber müssen mit dem richtig formulierten „Betreff“ die Neugierde des Empfängers wecken und den Nutzen für den Empfänger herauszustellen (z.B.: "Mobilfunk-Newsletter Arcor: So senken Sie Ihre Mobilfunkrechnung").

Man sollte Begriffe wie „hot", mehrere Ausrufezeichen und Dollar- oder Eurozeichen vermeiden, denn dies kann nicht nur auf die Leser unseriös wirken, sondern kann auch dazu führen, dass die Email von Spamfiltern gelöscht wird

Der Newsletter sollte soviel nutzenorientierte und interaktive Elemente wie möglich enthalten. Einen Newsletter zu machen und dann nicht die spezifischen interaktiven Möglichkeiten zu nutzen, ist ein gravierender Fehler beim Newsletter-Marketing. Zu den nutzenorientierten Element gehören beispielsweise Marktberichte, Tests von Geräten, Veranstaltungstipps, Ratschläge in Rechts- und Versicherungsfragen. Zu den interaktiven Elemente gehören zum Beispiel Umfragen, Foren, Gästebücher, Leserbrief-Ecke, Gewinnspiele, Rätsel, aber auch die Kontakt-e-mail Adresse der Redaktion. Die Tageszeitung „Welt“ hat durch konsequentes Setzen von Links in der Print-Ausgabe Furore gemacht. Newsletters, die diese medienspezifischen Chancen nicht nutzen, fallen ja hinter das Print-Medium zurück. Die Dialog- und Kontaktmöglichkeiten mit Hilfe des Newsletters sollten gezielt genutzt werden. Ein Newsletter ohne Link zu der Webseite des Unternehmens kommt heute noch vor, er sollte eigentlich unvorstellbar sein. Zu jedem wichtigen Punkt in einem Newsletter-Beitrag sollten Verweise, Links usw. zu weiterführenden, vertiefenden Informationen oder entsprechende Kontaktmöglichkeiten angeboten werden

Die von Prof. Gündling gemachte Analyse bestätigt, dass Newsletter-Leser solche Erwartungen an ihre Newsletter haben: Mehr fachliche Informationen, beispielsweise Trends der Branche, neue Technologien, Expertenmeinungen, Marktanalysen usw. wünschen sich fast 68% der

Befragten (allerdings aus dem B2B-Bereich), mehr Lesetipps, Literaturtipps, Leserbriefe wünschen sich 63 %.[27]

Der E-mail-Newsletter ist geeignet, ohne Streuverluste die relevante Zielgruppe zu erreichen. Dies wird in der Untersuchung von Prof. Gündling auch von den Nutzen indirekt bestätigt:

63,02 % der Abonnenten öffnen den Newsletter und überfliegen alle Abschnitte flüchtig, diejenigen die interessant sind, werden ausführlich gelesen. Mehr als ein Viertel (26,30 %) lesen das Inhaltsverzeichnis und fällen dann Ihre Entscheidung , „ob etwas Interessantes dabei ist".

Nur 8,68 % lesen den kompletten Newsletter.[28]

Mehr als ein Viertel der Newsletter hat kein Inhaltsverzeichnis.
Focus-Chef Markwort sagt:" Immer an den Leser denken".
Der Leser entscheidet auch bei elektronischen Newsletter, was er liest. Die Empfänger-Zahl, daran sollte der Herausgeber immer denken, ist bei weitem nicht die tatsächliche Leserschaft. Um dem Leser die Entscheidung zu ermöglichen, ja ihn bei einer positiven Entscheidung für einen bestimmten Beitrag zu unterstützen, ihm in einer Zeit, in der Zeit die knappste Ressource von allen ist, einen schnellen Überblick zu gewähren, ist ein übersichtliches Inhaltsverzeichnis unerlässlich. Jeder Newsletter sollte ein Inhaltsverzeichnis als Auftakt seines Auftrittes vorweisen können. Neben einer aussagekräftigen Überschrift kann ein beschreibender Satz den Leser-Nutzen jedes Beitrages herausstellen.

Ein Editorial vor oder hinter dem Inhaltsverzeichnis ist empfehlenswert.
Es dient dazu, besonders wichtige Beiträge hervorzuheben oder auf den jeweiligen Schwerpunkt eines evt. umfangreichen Newsletters hinzuweisen.

---

[27] Christian Gündling „ Erfolgsfaktoren für E-mail-Newsletter im B2B"
[28] Christian Gündling „Erfolgsfaktoren für E-mail-Newsletter im B2B"

Das Editorial sollte auch zu persönlichen Ansprache des Lesers dienen. Also nicht „Lieber Leser, in der neuen Ausgabe unseres xy-Newsletters...,“, sondern „ Liebe Frau Lieschen Müller, .in der neuen Ausgabe Ihres xy-Newsletter...“.

6.2. 4 Personalisierung

Der Name ist doch mehr als Schall und Rauch: Wer von uns hat sich nicht auf dem Schulhof umgedreht, wenn der eigene Name gerufen wurde.
Man liest nichts lieber in der Zeitung als den eigenen Namen. Das gilt auch für Newsletter. Der eigene Name wirkt als ein Art „eyecatcher“ auf den Leser und spricht den Leser unmittelbar an. Abhängig von der Zielgruppe kann die Ansprache anders sein: „Hallo Herr Meyer,
unser heutiger Newsletter wird Ihnen gefallen.“ Bei einer jüngeren Zielgruppe ist vielleicht ein vertraulicheres Du angebracht: „Hallo
Heinz, Deine News von heute werden dir gefallen....“

Die Personalisierung sollte aber nicht ausschließlich als persönliche Ansprache verstanden werden. Sie hat auch eine inhaltliche Dimension. Personalisierung bedeutet, dass die Inhalte des Newsletters persönlich und individuell auf eine Zielgruppe oder Zielpersonen zugeschnitten werden.

Hier spielt natürlich eine Rolle, wie viel Daten bei der Anmeldung erhoben worden sind. Mit Hilfe dieser Daten lassen sich individuelle
Präferenzen erkennen, die in die inhaltliche Thematik und auch Gestaltung des Newsletters miteinfliessen kann.

Die Herausgeber von Newslettern sollten die Personalisierung in Newsletter einsetzen, um Ihren Erfolg zu vergrössern, aber auch darauf achten , dass dabei nicht Regeln des Datenschutzes verletzt werden.
Dies könnte zu einer negativen Resonanz der Leserschaft führen.

6.2.5 Frequenz

Die von Prof Gündling untersuchten Newsletter erscheinen zu 50 % monatlich, 22,10 % alle 2 bzw. alle 3 Monate und 11,5% unregelmäßig. Was die Erscheinungshäufigkeit betrifft , erfüllen die Herausgeber von Newslettern die Erwartungen ihrer Abonnenten sehr gut: 81,17 % gaben an, dass die Erscheinungsweise genau ihren Erwartungen entspräche, 11,75 % wünschten sich eine häufigere und nur 5,74 % eine seltenere Erscheinungsweise.[29]

Es ist empfehlenswert, den Newsletter unmittelbar nach der Bestellung zu verschicken. Man frustriert User, die auf den Newsletter zu lange warten müssen. Anschließend sollte man den neuen User in den jeweiligen üblichen Rhythmus miteinbinden. Wenn dies aus verschiedenen Gründen zu schwierig erscheint, sollte der User mindestens ein Willkommens-Schreiben erhalten, damit er sieht, dass seine Anmeldung erfolgreich gewesen ist.

Newsletter sollten mindestens einmal pro Monat erscheinen. Eine wöchentliche oder tägliche Frequenz kann abhängig von Themen und Zielgruppe angemessen sein.

Von einer Erscheinungsweise unterhalb des Monatsrhytmus oder einer unregelmäßigen Erscheinungsweise ist abzuraten: Sie erweckt den Eindruck, dass die herausgebende Firma nicht einmal in Lage ist, regelmäßig Informationen zu vermitteln. Dies kann schnell auf die Kernkompetenz der Firmen projiziert werden und somit kontrapoduktiv für Marketingsanstrengungen sein.

6.2. 6 Design und Form

Viele Newsletter werden im Plaintext verschickt. Das HTML-Format ist grundsätzlich für den Leser attraktiver, um zum Beispiel auch Produktfotos abzubilden oder das Layout attraktiver und übersichtlicher zu

---

[29] Gündling „Erfolgsfaktoren für E-mail-Newsletter im B2B“

gestalten. Das Gros der Emailprogramme unterstützt HTML-emails, aber trotzdem ziehen einige Leser Emails im Plain-Text-Format vor. Man sollte dem User die Wahlfreiheit und die Freiheit zum Wechseln gewähren und daher beide Formate alternativ anbieten.

Der Newsletter-Leser überfliegt viele Texte nur, längere Texte liest er häufig gar nicht. Demnach sollten die Artikel besonders in längeren Newsletter nur kurz angerissen werden und nach einem Mausklick komplett zum Lesen angeboten werden. Es ist auch sinnvoll, per Link in einem kürzeren Newsletter-Artikel auf die Website zu verweisen, wo ausführlichere Informationen zur Verfügung stehen.

Der Newsletter im HTML-Format wirkt magazinartig. Viele Regeln, die für Zeitschriftenlayouts formuliert wurden, gelten auch für Newsletter. Eine Zeitschrift sollte keine Bleiwüste sein, nur mit Text vollgeknallt, sondern dem Auge auch weiße Fläche als Ruhezone gönnen. Bei allen Unterschieden wird die Orientierung des Newsletters an Zeitschriften grundsätzlich hilfreich sein. Sich ein Grundlayout von einem erfolgreichen Zeitschriften-Designer machen zu lassen, wird vielleicht der Unterschied sein, der den Newsletter des Weltkonzerns von dem der kleinen Klitsche unterscheidet.

7. Zusammenfassung

Die vorliegende empirische Untersuchung zeigt, dass nicht alle bedeutenden deutschen Firmen den Wert von Newslettern als ein wertvolles Instrument des Marketing-Mix erkannt haben.

Es gibt deutsche Firmen, die vermutlich die Bedeutung von Newslettern erkannt haben und sie sogar auf ihren Webseiten anbieten, aber bei den Bestellern der Newsletter Vertrauenskapital verspielen, weil die Interessenten vergebens auf die Newsletter warten.

Vielen Firmen sehen bereits grundsätzlich die große Bedeutung von Newslettern als einem schnellen und potentiell interaktiven Instrument im Marketing-Mix. Bei der Umsetzung dieser Erkenntnis und dem tatsächlichen Einsatz von Newslettern scheint aber ein Teil der Firmen kein klares, erkennbares Konzept zu verfolgen. Dieser Gruppe steht aber eine andere große Gruppe von Herausgebern gegenüber, denen zumindest ein Teil der Erfolgsfaktoren für Newslettern bewußt ist.

Es wurde in der vorliegenden Arbeit die Gesamtheit der Erfolgsfaktoren systematisiert. Diese Gesamtschau der Erfolgsfaktoren soll gerade auch dem Firmen, die bereits gute Leistungen bei der Gestaltung ihrer Newsletter vorweisen können, eine Hilfestellung sein, ihr elektronisches Medium noch weiter zu verbessern.

Die empirische Analyse zeigt, dass ein grosses Potential an Verbesserungsmöglichkeiten existiert, das nur darauf wartet erkannt zu werden. Die konkreten Empfehlungen und Ratschläge der vorliegenden Arbeit sollen dazu dienen, das große Potential in der Wirklichkeit auszuschöpfen.

Julia Oswald

BESP, Fachhochschule Niederrhein

Anhang

Firmen/Erfolgsfaktoren	**1**	**2**	**3**	**4**	**5**	**6**	**7**	**8**	**9**
Zürich Versicherung	3	2	2	2	2	3	3	3	3
LVM	3	4	4	3	4	4	3	3	3
Investitionsbank	3	2	2	2	4	4	1	3	3
Consors	3	2	2	2	2	3	1	3	3
R+V	3	2	2	2	3	1	2	3	3
Gothaer	3	3	3	3	3	4	3	3	3
HVB	3	3	3	3	3	4	3	3	3
Sparda	3	4	5	4	3	4	3	3	3
Postbank	3	2	2	3	5	2	3	3	4
NASPA	3	3	3	3	5	4	3	3	3
VR-Bank Aalen	3	3	4	3	4	4	3	3	3
Sparkasse Mittelbrandenburg	3	4	4	3	4	4	3	3	3
Gerling	3	2	2	2	2	3	3	3	3
DAK	2	2	2	2	2	4	3	3	3
Norisbank	3	4	4	3	3	4	3	3	3
Netbank	3	3	4	3	3	4	3	3	3
Berenberg	3	3	3	3	3	4	3	3	3
Plus	3	2	2	4	3	4	3	3	3
Karstadt	3	2	2	4	5	4	3	3	3
Kaufhof	3	2	2	3	3	4	3	3	3
ALDI	3	1	1	3	3	4	1	3	3
EDIKA	3	2	2	3	3	3	3	3	3
EXTRA	3	4	4	3	3	3	3	3	3
Neckermann	3	2	2	3	5	4	3	3	3
LIDL	3	1	1	3	3	1	3	3	3
WalMart	3	5	5	4	5	4	3	3	3
Toys R us	3	4	4	5	4	4	3	3	3
Schlecker	3	2	2	3	3	4	3	3	3
NORMA	3	2	2	3	3	4	3	3	3
Real	3	1	2	3	3	4	3	3	3
Douglas	3	2	2	3	3	4	3	3	3
Sport Scheck	3	3	3	4	3	4	3	3	5
OBI	3	2	2	3	3	4	3	3	3
Tchibo	3	2	2	3	3	4	3	3	5
IBM	3	2	2	2	4	4	3	3	3
Debitel	3	4	4	3	4	4	3	3	4
abas	3	2	2	3	3	4	3	3	3
Teledata	3	2	2	3	2	4	3	3	3
Nokia	3	3	3	3	3	4	3	3	3
SAP	3	2	2	3	3	4	3	3	3
T-mobile	3	3	3	3	3	4	3	3	3
T-online	3	2	2	3	3	4	3	3	3
Talkline	3	4	4	5	3	4	3	3	3
e-plus	3	3	3	3	4	4	3	3	3

Renault	3	2	2	3	3	2	3	3	3
BMW	3	2	2	3	3	2	3	3	3
SEAT	3	2	2	3	3	4	3	3	3
Volkswagen	3	2	2	3	3	2	3	3	3
Peugeot	3	2	2	3	3	2	3	3	3
Opel	3	2	2	2	2	2	3	3	3
Fiat	3	2	2	2	2	2	3	3	3
SIXT	3	3	3	3	3	4	3	3	3
ADAC	3	2	2	2	2	2	3	3	3
Aral	3	3	2	3	3	4	3	3	3

Legende

Bewertung :

1	sehr gut
2	gut
3	befriedigend
4	ausreichend
5	mangelhaft
6	ungenügend

Faktoren:

1	Zielgruppenauswahl
2	Zielgruppenansprache
3	Inhalt
4	Sprache und Stil
5	Design und Form
6	Personalisierung
7	Frequenz
8	Plazierung des Abonnementangebotes
9	Prozess

Literaturverzeichnis

Bücher:

Bliemel, Friedhelm/ Fassott, Georg/ Theobald, Axel: Electronic Commerce. Herausforderungen – Anwendungen - Perspektiven, 3. Auflage, Wiesbaden 2000

Godin, Seth: Permission Marketing. Wie Sie aus Fremden Freunde machen und wie Freunde zu treuen Kunden werden, New York 2001

Kotler, Philip: Marketing. Märkte schaffen, erobern und beherrschen. München 1999

Matejcek, Karina: Newsletter und Mailinglisten. Marketing per e-Mail. 2. Auflage, Wien 2001

Schneider, Marcus R.: Marketing Engineering. Das Praxis – Handbuch für erfolgreiches IT-Marketing, Berlin/Heidelberg 2003

Werner, Andreas/ Stephan, Ronald: Marketing-Instrument Internet, 2. Auflage, Heidelberg 1998

Aufsätze:

Brickau, Ralf/ Samaties, Pierre: Anti-Spam Maßnahmen : Dem PC-Papierkorb entkommen In : Acquisa, Juni 2004

Gündling, Christian: Erfolgsfaktoren für Online-Newsletter. In: Acquisa, Juni 2004

Erfolgsfaktoren für e-Mail – Newsletter im B2B. In: White Paper 2004

Dokumente aus dem Internet:

Ackstaller, Susanne: Was macht einen Newsletter erfolgreich. http://www.textelle.de

Lange, Stefan: Bessere Leserbindung und mehr Response durch optimiertes Newsletter Design. In: e-Mail-Marketing (e-Book), pdf Datei

Leipnitz, Ulrike: Agnitas macht e-Mail Newsletter sicher gegen Spam-Filter http://www.agnitas.de/presse/20040614.shtml

Zorn, Nico: Die häufigsten Fehler beim e-Mail-Marketung http://www.aboutwebdesign.de/awd/content/1076255535.shtml

Impressum:

Secura GmbH Am Alten Posthof 4-6 Koeln, NRW 50667 Germany Phone: +49 221 2571213 Fax: +49 221 9252272 secura@web.de
http://www.domainregistry.de;http://www.com-domain.com

Druck und Verlag:

Books on Demand, Norderstedt